DEUTSCHER ZUGMASCHINEN BAU

WOLFGANG H. GEBHARDT

DEUTSCHER ZUGMASCHINEN BAU

WELTBILD VERLAG

Mit 189 Schwarzweißabbildungen

Zu den Abbildungen:
1 = Werkfoto
2 = Sammlung Jürgen Hummel
3 = Sammlung Armin Bauer
Alle nicht gekennzeichneten Abbildungen stammen aus dem Archiv des Verfassers.

Genehmigte Lizenzausgabe für
Weltbild Verlag GmbH, Augsburg 1995
© 1988 by Franckh-Kosmos Verlag GmbH, Stuttgart
Umschlaggestaltung: Peter Engel, München
Gesamtherstellung: Bercker Graphischer Betrieb GmbH, Kevelaer
Printed in Germany
ISBN 3-89350-826-0

Deutscher Zugmaschinenbau

Einleitung

Die vorliegende Arbeit beschreibt erstmalig die deutschen Zugmaschinen-hersteller, die von 1896 bis zum heutigen Zeitpunkt in diesem Zweig des Maschinenbaus tätig waren bzw. tätig sind. Bei den Recherchen wurde auf Unterlagen einzelner Firmen, auf Archivauskünfte und auf zeitgenössische Literatur zurückgegriffen. Aus diesem Spektrum wurden alle verwertbaren Angaben zur Zugmaschinenfertigung in Deutschland herausgefiltert.

Insgesamt 71 Firmen konnten erfaßt werden, die Fahrzeuge für den leichten, mittleren und schweren Zugdienst hergestellt haben. Für den leichten Zugdienst stehen dabei von Ackerschleppern abgeleitete Fahrzeuge oder in den 30er Jahren hierfür eigens konstruierte Straßenschlepper. Unter den mittleren Schleppern sind die Zugmaschinen der dreißiger und vierziger Jahre zu verstehen, die Leistungen von 20 bis 40 PS entwickelten. Abgelöst wurde diese Kategorie fast ausnahmslos durch den „Unimog" von Daimler-Benz, der ab den fünfziger Jahren die mittlere Standard-Zugmaschine in Deutschland und, an der Exportquote gemessen, auch in vielen Ländern des Auslands geworden ist.

Der Bau von schweren Zugmaschinen, abgesehen von den Artillerie-Schleppern des Ersten Weltkrieges, wurde in der Mitte der dreißiger Jahre durch die Deutsche Reichsbahn angeregt, die einen schweren und etwa 20 km/h schnellen Straßenschlepper für die Bewältigung von speziellen Transportaufgaben haben wollte. DR-Baurat CULEMEYER regte dabei den Bau von vierrädrigen Anhängern an, die eine etwa 150 PS starke Zugmaschine benötigten, um bis zu 100 Tonnen tragen zu können.

Aufgenommen wurden spezielle Zugmaschinen-Schlepper der zwanziger Jahre, die ausschließlich für diesen Zweck gebaut worden waren und sich daher von den aktuellen Sattelzugmaschinen abheben, die aus Serien-Nutzfahrzeugen abgewandelt worden sind. Nicht aufgenommen wurden die Halbketten-Zugmaschinen des Zweiten Weltkrieges.

Mehrere Einzelversuche, motorisierte Zugmaschinen als Ersatz für den Pferdezug einzusetzen, fanden um die Jahrhundertwende statt. Adolf ALTMANN, später Direktor der Marienfelder Motorenwerke, die in der Daimler-Benz AG aufgingen, konstruierte 1896 einen Petroleum-*Trakteur* mit einer Motorleistung von 12 bis 18 PS. Carl KELLER, ein Ziegel- und Ziegeleimaschinenfabrikant in Hörschel bei Ibbenbüren fertigte mehrere „Ringschienen-Automobile", die im Aussehen einem Eisenbahnwaggon glichen. Sie waren in Knicklenkerkonstruktion ausgeführt, allradgetrieben und geländegängig.

Weitere frühe Zugmaschinentypen waren die Fahrzeuge der Firma NAG und der Firma Siemens & Halske. Der NAG-Zug- und Lastwagen „Durch" war als Prototyp für ein Standard-Kolonialfahrzeug gedacht und fand unter den frühen schweren Fahrzeugen großes journalistisches Interesse. Dennoch blieb das Fahrzeug ein Einzelstück.

1905 entwickelte Ernst WENDELER die Freibahn-Zugmaschinen, die eine Dampfmaschine besaßen und mehrere Anhänger ziehen konnten.

Der Kolonialoffizier TROOST stellte für den Einsatz in den Kolonien eine dreirädrige benzin- oder dampfgetriebene Zugmaschine vom Typ „Dampfochse" in einem Exemplar her.

In Einzelexemplaren konstruierte Carl KAELBLE, Mitinhaber der später führenden deutschen Zugmaschinenfabrik, Zugfahrzeuge, die aus Kaelble-Steinbrechern abgeleitet worden waren. Und schließlich ließ der Siemens-Ingenieur Wilhelm A. Th. MÜLLER sorgfältig durchdachte, leistungsfähige und vielseitig verwendbare Zugmaschinen mit standardisierten, elektrisch angetriebenen Anhängern fertigen. Die sogenannten „Müller-Züge" erreichten ihren Höhepunkt in der Konstruktion des „Austral-Zuges", der 60 Tonnen Last befördern konnte.

Während des Ersten Weltkrieges beauftragte die kaiserliche Heeresverwaltung verschiedene Firmen mit dem Bau von Artilleriezugmaschinen. Teilweise aus landwirtschaftlichen Fahrzeugen, teilweise speziell für diesen Zweck entwickelt, wurden sie von den Firmen Benz, Bothe, Büssing, Daimler-Motoren-Gesellschaft, Deutz, Dürkopp, Hawa, Hazet, Kaelble, Krupp, Lanz, Magirus, Modag, München Sendling, Phoenix, Podeus, Pöhl und Ruhrthaler Maschinenfabrik gebaut. Diese Fahrzeuge wurden entweder als Zugmittel für die Artillerie oder als Seilwindenfahrzeuge eingesetzt. Nach dem Krieg boten einige der hier genannten Firmen ihre Fahrzeuge noch kurze Zeit für die Forst- und Landwirtschaft sowie für das Speditionsgewerbe an. Mit Neukonstruktionen fanden in diesen Jahren der Firmen Hansa-Lloyd, Hanseatische Motoren-Gesellschaft, Lanz und Oekonom Beachtung. Hansa-Lloyd fertigte als eine der Pionierfirmen in diesem Bereich Zugmaschinen mit einem Elektroantrieb. HMG und Lanz stellten äußerst simple Zugmaschinen für landwirtschaftliche und industrielle Zwecke mit Glühkopfmotoren her.

Eine Sonderstellung nahm die Oekonom-Zugmaschine ein. Das Oekonom-System bestand aus einer Sattelzugmaschine, zunächst fremder, später eigener Produktion, die mit standardisierten Anhängern gekuppelt wurde. Das Oekonom-Fahrzeug sollte einen rationellen Wechselverkehr mit einheitlich konstruierten Anhängern garantieren. Gleichzeitig überging diese Fahrzeugkonstruktion das Verbot dreiachsiger Fahrzeuge, die angeblich die Straße ungewöhnlich stark beschädigen würden.

Diesem Konzept folgten 1925 die Firmen Waggonfabrik Fuchs in Heidelberg, Krauss-Maffei, die Krupp-Werke und die NAG in Berlin und Leipzig. Neue Begriffsbestimmungen vom Dezember 1925 über das dreiachsige Fahrzeug gaben dem Bau von Sattelzugmaschinen einen Auftrieb. Durch eine günstige Lastenverteilung konnten 10 Tonnen wirtschaftlich und auf einmal transportiert werden.

Die Höchstgeschwindigkeit dieser Fahrzeuge wurde von 8 auf 15 km/h heraufgesetzt. Durch das Sattelzugprinzip konnten mit Wechselpritschen die Zugfahrzeuge erheblich besser ausgenutzt werden als beim Lade- und Entladevorgang festliegende Lastkraftwagen. Gleichzeitig konnte die tatsächliche Achslast der Zugeinheit niedriger als die eines 15-Tonnen-Lastwagens gehalten werden, der dazu noch ein Eigengewicht von über 7 Tonnen hatte. Weitere Vorteile waren die niedrige Ladehöhe, die geringen Bereifungskosten sowie die gute Manövrierfähigkeit.

Allerdings konnten die Fahrzeuge keinen Fernverkehrs-Lkw ersetzen, so daß sie zu Beginn der dreißiger Jahre wieder aus der Angebotspalette verschwanden. Einzig die Münchener Firma Krauss-Maffei, mit nach Patenten der französischen Firma Chénard et Walker gebauten Fahrzeugen, konnte sich bis zum Beginn des Zweiten Weltkrieges halten.

Neben den speziellen Sattelschleppern, auch Sattelauflieger-Zugmaschinen genannt, stellten in der Mitte der zwanziger Jahre folgende Firmen Zugmaschinen her: Apollo, Daimler-Benz (DB), Elite (Muchow), Grebestein, Hanomag, Hemag, Kaelble, Komnick, Maschinenfabrik Esslingen (ME), Baugesellschaft Michelsohn (Baumi), Motorenfabrik Darmstadt (Modag), Motoren-Werke Mannheim (MWM), Opel (Kulmus) und Süddeutsche Bremsen AG (Südbremse).

Die Fahrzeuge von Elite und der ME wurden von Elektromotoren in Bewegung gesetzt. Baumi stellte einen äußerst einfachen Glühkopfschlepper her. Die wenigen Opel-Zugmaschinen des Opel-Vertreters Kulmus waren auf umkonstruierten Automobilfahrgestellen des P 4 aufgebaut worden.

Die MWM- und Südbremse-Schlepper mit den Bezeichnungen „Motorpferd" und „Colo-Schlepper" wurden als erste Serienfahrzeuge der Welt mit kompressorlosen Dieselmotoren ausgestattet.

Einzig die Firmen Hanomag und Kaelble, beide zunächst mit einfachsten Zugmaschinen mit Elastikbereifung, konnten über Jahrzehnte anerkannte, immer stärkere Zugmaschinen-Modellreihen weiterentwickeln. Der bis in die fünfziger Jahre gebaute „Gigant" von Hanomag war die Standardzugmaschine der gewerblichen Wirtschaft überhaupt, während sich die Kaelble-Zugmaschinen einen festen Platz im Fuhrpark der Deutschen Reichs- bzw. Bundesbahn sicherten. Von diesen mehr oder weniger aus landwirtschaftlichen Schleppern entwickelten Zugmaschinen lösten sich vollkommen die Konzepte der Firmen BOB, Deuliewag und Primus. Sie stellten, wobei die Firma Primus unter ihrem Chef und Ingenieur Johannes KÖHLER Wegbereiter war, kleine Zugmaschinen für den Straßenzugdienst her.

Diese Güternahverkehrs-Fahrzeuge waren nur für den Einsatz in Großstädten konzipiert und sollten die Nachteile des Pferdezuges (geringe Geschwindigkeit), aber auch die Nachteile der bekannten Zugmaschinen, wie Unwirtschaftlichkeit und hohe Anschaffungskosten, ausgleichen. Gegenüber den aus Ackerschleppern abgeleiteten Zugmaschinen besaßen sie eine ordentliche Vorder- und Hinterachsfederung.

Großen Erfolg im Absatz ihrer im Grunde primitiven Zugfahrzeuge mit meist hintenliegenden, langsamlaufenden Stationärmotoren erzielten diese Firmen beim Speditionsgewerbe, bei Kühlhaus- und Müllereibetrieben sowie bei städtischen Fuhrparks.

Zugmaschinen größter (seinerzeit erreichbarer) Leistungen kamen in der Mitte der dreißiger Jahre hinzu. Die Firmen FAUN, Henschel (mit vereinzelten Modellen) und Kaelble entwickelten in eigener Regie oder im Auftrag der Deutschen Reichsbahn schwere Zugmaschinen für den Transport von Eisenbahnwaggons und schweren Gütern.

Die Reichsbahnforderung lag dabei für den Transport von „Culemeyer"-Rollern auf den Spezifikationen: dreisitziges Fahrerhaus mit Polsterung, Mindestgeschwindigkeit von 20 km/h, gleichgroße Bereifung, gefederte Achsen sowie Vier- oder Sechsrad-Öldruckbremse bzw. Druckluft-Bremsanlage.

Ebenfalls schwere, aus den Lkw-Baureihen abgeleitete Zugmaschinen stellten in der Vorkriegszeit die Firmen Büssing, FAMO, MAN und Vomag her.

Mit leichten, teilweise den Städteschleppern oder den Traktoren ähnlichen Fahrzeugen beteiligten sich im Zugmaschinenbau dieser Jahre die Firmen Hannoversche Fahrzeugfabrik (Hanno), Hagedorn, Kramer, MIAG, Normag, Orenstein & Koppel (O & K) und Zettelmeyer sowie in der Kriegszeit die Firmen Bleichert mit Elektrofahrzeugen, Sachsenberg mit Dampfschleppern und Talbot mit wiederum elektrisch angetriebenen Fahrzeugen. Bei diesen Typen sowie bei den inzwischen mit Elektromotoren ausgestatteten Primus-Schleppern stand in dieser Zeit der Gedanke im Vordergrund, sogenannte heimische Energie anstelle von Treibstoffen auf Erdölbasis zu verwenden.

Neben diesen Elektro- und verschwindend wenigen Dampf-Zugmaschinen wurden viele Fahrzeuge mit Holzgasgeneratoren ausgerüstet oder im Kriegsbauprogramm schon damit ausgeliefert.

Das rüstungspolitisch bedingte und von dem Generalbevollmächtigten für

das Kraftfahrtwesen, Oberst VON SCHELL, entwickelte Typenbegrenzungs-
programm (*Schell-Programm*) des Jahres 1939 zwang die Lkw-, Trakto-
ren- und Lastwagenanhänger- und damit auch die Zugmaschinenindustrie
zum Bau von nur wenigen Standardtypen, die teils von mehreren Firmen
gleichzeitig hergestellt werden mußten.
Nur noch die Firmen BOB, Deuliewag, FAMO, FAUN, Hanomag, Hanno,
Kaelble, Klöckner-Humboldt-Deutz, Lanz, MIAG, Primus und Zettelmeyer
sollten Haupt- und Nebentypen bauen, die später immer mehr zu Einheits-
typen weiterentwickelt werden sollten. Dieses rigorose Typenbegren-
zungsprogramm wurde jedoch teilweise durch die nutzbare Produktions-
kapazität verschiedener kleiner Firmen durchbrochen, die mit ihren Fahrzeugen dem durch die Kriegsereignisse erhöhten Bedarf entsprechen
konnten.
Nach dem Krieg gelang es zunächst nur den Firmen Kaelble, FAUN,
Hanomag und MIAG mit Zugmaschinen in Lkw-Bauart und den Firmen
MAN, Kramer, Normag und Zettelmeyer mit Zugmaschinen in Traktoren-
bauart wieder auf dem Markt zu erscheinen. Die bewährten Vorkriegsmodelle wurden mit geringen Änderungen weitergebaut. Neu trat in diesen
Fertigungszweig die Firma Boehringer mit dem „Ochsenkopf-Unimog" ein,
der ab 1950 von den DB-Werken gebaut wurde und inzwischen nahezu
alle Konkurrenten im leichten und mittleren Zugmaschinenbau verdrängte.
In der DDR entstand in den späten vierziger Jahren der ehemalige FAMO-
Schlepper als Typ „Pionier" erneut, der gleichzeitig von verschiedenen
DDR-Werken auch als Ackerschlepper gefertigt wurde.
In den frühen fünfziger Jahren boten die Firmen Betz, Fahr und Wahl ihre
Produkte an, wobei Betz eine Fahrerhaus-Zugmaschine herstellte, auch
„Diesel-Betz" genannt. Fahr und Wahl boten einige ihrer Ackerschlepper-
Modelle auch für den industriellen Zugleistungsdienst an.
Ab 1958 versuchte die Traktorenfabrik Eicher den Zugmaschinenbau als
weiteres Produktionsfeld aufzubauen. Radialluftgekühlte Motoren eigener
Produktion kamen in diese vom Eicher-Lkw abgeleiteten Zugmaschinen-
typen.
Die schwäbische Firma Kramer brachte ebenfalls in diesem Jahr ihre
Universal-Zugmaschine KL 800 (später U 540 und U 800) heraus. 1964
wurden sie von den Frontlenker-Typen UF 1000 und UF 1003 abgelöst.
Nach deren Produktionseinstellung standen von 1975 bis 1986 im Kramer-
Programm System-Schlepper der Zweiwege-Reihe 1004 bis 1404, die in
der Bau- und Forstwirtschaft sowie in der Industrie Verwendung fanden.
Nachdem Hanomag den Zugmaschinenbau in den fünfziger Jahren auslaufen ließ, verkürzte die Firma Enser verschiedene Hanomag-Schnellast-
wagenmodelle zu mittleren Zugmaschinen.

In der DDR löste der „IFA-Horch", später „Horch-Sachsenring", den „Pionier" ab. Das Zugfahrzeug war auf der Basis des Standard-Lkws der DDR entwickelt worden. 1967 ersetzte der Nachfolgetyp W 50 Z dieses Modell. Schließlich entwickelte sich der 1972 vorgestellte KHD-Intrac-Typ zu einem mittleren Universal-Fahrzeug im Zugdienst. DB entwickelte ein ähnliches Konzept mit dem MB-trac.

1977 brachte die Firma Titan ihren ersten, aus DB-Komponenten entwikkelten Zugmaschinentyp heraus. Titan konnte sich mit einer weiterentwikkelten Modellreihe ungewöhnlich schnell zu einem bedeutenden Zugmaschinenhersteller in Deutschland entwickeln.

Nur eine Episode war das Auftauchen der Firma Kaiserslauterner Fahrzeug- und Maschinenfabrik AG (KFM) mit ihrem werbemäßig hochgelobten „Wüstenlöwen", der nur ein Einzelschicksal erlebte. Kaelble, eine Firma, die mehrere Meilensteine in der deutschen Fahrzeugbaugeschichte (Zugmaschinen, Raupenschlepper, Spezialfahrzeuge) gesetzt hatte, gab 1986 ihren Zugmaschinenfertigungsbereich auf.

Daimler-Benz und inzwischen auch MAN treten seit den achtziger Jahren verstärkt mit Zugmaschinen auf den Markt. Ihre Modelle sind aus schweren Serien-Lastkraftwagen abgeleitet und haben entsprechend starke Motoren erhalten. DB läßt die schweren Zugmaschinen in dem Schweizer Betrieb „Nutzfahrzeuge Arborn-Wetzikon", dem ehemaligen Adolphe Saurer und dem Franz Bronzincevic Werk, produzieren. Derzeit bewerben sich um diesen Markt nur noch die Firmen Daimler-Benz, FAUN, Klöckner-Humboldt-Deutz, MAN und Titan sowie das Lastautomobilwerk Ludwigsfelde bei Berlin.

In den folgenden Beschreibungen sind die Hersteller in den Firmenköpfen mit den Zeiträumen der Zugmaschinenfertigung sowie der Rechts- und Firmensitzveränderungen aufgeführt. Der erste oder der bekannteste Firmenname ist jeweils gewählt worden.

In den Fahrzeugtabellen haben die Buchstaben folgende Bedeutung:

SP:	Beginn der Serienproduktion	Hubr.:	Hubraum
Z:	Zylinderzahl	D:	Drehzahl
PS:	PS-Leistung	Gew.:	Gewicht
	(bzw. Leistung in kW)	Z:	Zuglast in Tonnen
K:	Kühlung (Luft, Wasser, Ver-	Mot.:	Motorausstattung
	dampfung, Thermosyphon)		(bei Fremdbezug)
B x H:	Bohrung mal Hub		und Besonderheiten

Literaturverzeichnis

Zeitschriften:
Allgemeine Automobil-Zeitung, Berlin 1899–1943
Automobilrundschau, Berlin 1906–1938
Automobiltechnische Zeitschrift, Berlin 1929–1944
Deutsche Motorschau, Berlin 1936–1940
Deutsche Motor Zeitschrift, Dresden 1924–1941
Historischer Kraftverkehr (früher Elefant), Schwieberdingen, ab 1986 Köln
Last-Auto, München 1948–1961
Das Lastauto, Pößneck 1925–1943
Lastauto-Omnibus, Stuttgart 1971 ff
Motor-Jahr, Berlin-Ost 1965/1966 ff
Motor Presse Katalog, Stuttgart 1959–1964/1965
Das Nutzfahrzeug, München 1949 ff

Bücher:
Augsburger, Hermann: Nutz- und Last-Kraftwagen, Berlin 1921
Autotypenbücher, Typentafeln der deutschen Kraftfahrzeug-Industrie, hrsg. v. Reichsverband der deutschen Automobilindustrie, Berlin 1925–1936
Barsch, Otto: Straßen- und Industrieschlepper, Berlin 1929
Betz, Louis: Spezial-Lastautomobile, 3 Bde., Berlin 1927, 1929, 1931
Culemeyer, Hans: Die Eisenbahn ins Haus, Berlin–Wien–Leipzig 1939
Daimler-Benz AG (Hrsg.): 75 Jahre Nutzfahrzeugentwicklung 1896–1971, Jubiläumsbericht der Daimler-Benz AG Stuttgart-Untertürkheim, 1971
Fischer, Joachim: Handbuch vom Lastauto, Berlin 1927
Friedmann, Paul: Der Lastkraftwagen, Pößneck 1932
Georgano, George Nicolas u. Marshall Naul, George: The complete Encyclopaedia of Commercial Vehicles, Osceola/Wisconsin 1979
Müller, Wilhelm A. Th.: Der Automobilzug, Berlin 1902
Neubauer, Erich: Das gelbe Schlepperbuch, Wiesbaden 1953, 1954, 1957, 1961
Rabe, Klaus: Riesen auf Rädern, Braunschweig 1987
RDA, Festschrift zum 25jährigen Bestehen des Reichsverbandes der Automobilindustrie 1901–1926, Berlin 1926
Seherr-Thoss, Hans Christoph Graf v.: Die deutsche Automobilindustrie, Stuttgart 1974
Windecker, Carl Otto: Handbuch der Kraftfahrzeugtypen, Hannover 1947/1948

Kleinmotorenfabrik Adolf Altmann, Berlin N, Ackerstr. 68, 1896

Adolf ALTMANN (1850–1905) konstruierte als erster eine Zugmaschine mit einem Einzylinder-Petroleummotor von 12 bis 18 PS. Über Ketten wurden die Hinterräder angetrieben; bei Kurvenfahrt wurde eine Kettenübertragung ausgeklinkt. Das Fahrzeug erhielt erstmalig die Bezeichnung **Trakteur** und gab damit dieser Fahrzeuggattung einen geläufigen Namen.
Adolf ALTMANN brachte sein Unternehmen in die Marienfelder Motorfahrzeug- und Motorenfabrik AG ein und wurde deren Generaldirektor. 1902 gründete er die Kraftfahrzeug-Werke Brandenburg, in denen er leichte Dampflastwagen und Motoren herstellte. Bei einer Versuchsvorführung kam er durch eine Explosion ums Leben.

12/18-PS-Altmann

Apollo Werke AG, Apolda, Sulzaerstr. 3/5, 1927–1928

Die 1857 gegründete Thüringer Landmaschinenfabrik Ruppe u. Sohn nahm 1904 den Automobilbau auf. Im Jahre 1927 brachte das inzwischen als Apollo Werke firmierende Unternehmen eine schwere Straßenzugmaschine vom Typ T 27 heraus. Ein langsamlaufender BMW-Vierzylindermotor mit einem Hubraum von 7,5 Litern trieb das hinten zwillingsbereifte Fahrzeug an. Die Ventile des „Bayern-Motors" waren schon in hängender Bauweise ausgeführt.

Eine Geschwindigkeit von 25 km/h erreichte der Apollo-Schlepper; eine Zuglast von 25 Tonnen konnte bewegt werden. Dem Zeitgeschmack entsprechend besaß der T 27 durchgehende Trittbretter und eine wuchtige Verkleidung.

Mit der konkursbedingten Einstellung der Apollo-Automobilproduktion im Jahre 1928 endete auch die Fertigung der Straßenzugmaschinen. Die Apollo-Werke übernahmen anschließend für einige Jahre die NSU-Vertretung für den Thüringer Raum.

Technische Daten der Apollo-Zugmaschinen

Typ	SP	Z	PS	K	B×H	Hubr.	D	Gew.	Zugl.	Mot.
T 27	1927	4	50	W	115×180	7474	1000		25	Bayern-Motor (BMW)

50-PS-Apollo T 27

Ludwig Betz, Köln-Dünnwald, Kunstfelderstr. 5, 1950–1952

In den frühen fünfziger Jahren stellte die Firma Betz, auch „Diesel-Betz"
genannt, eine Hauben-Zugmaschine mit einem Dreizylinder-Deutz-Motor
her. Die wassergekühlte Maschine leistete 50 PS; der später verwendete
Motor mit Luftkühlung erbrachte 42 PS. Die Achsen des Fahrzeugs
stammten von den Ford-Werken. Eine Ladepritsche war vorhanden.
Der Betz-Schlepper wurde vorwiegend im innerstädtischen Straßentransport sowie bei Schaustellern verwendet.
Neben dieser Zugmaschine stellte Betz auch noch Dieselkarren her.

Technische Daten der Betz-Zugmaschinen

Typ	SP	Z	PS	K	B×H	Hubr.	D	Gew.	Zugl.	Mot.
Betz	1950	3	50	W	120×170	5760	1300			KHD
Betz	1952	3	42	L	110×140	3989	1600			KHD

42-PS-Betz

Adolf Bleichert u. Co. KG, Leipzig, Kaiser-Friedrich-Str. 34; ab 1945 Köln, Pohligstr. 1

1. 1923–1962 **Adolf Bleichert u. Co. KG,** Leipzig, Kaiser-Friedrich-Str. 34; ab 1945 Köln, Pohligstr. 1
2. 1962–1980 **Pohlig-Heckel-Bleichert-Vereinigte Maschinenfabriken AG**
3. 1980–1981 **PHB-Weserhütte AG (PWH)**
4. 1981–1986 **PHB Transport- und Lagersysteme GmbH (PHB-Gruppe)**
5. 1987–heute **MAFI Transport-Systeme GmbH (PHB-Gruppe)**
   sowie für Dieselzugmaschinen:
   1955–heute **MAFI Transport-Systeme GmbH (PHB-Gruppe)**

1874 gründete Adolf BLEICHERT in Leipzig eine Firma zum Bau und Vertrieb mechanischer Förderanlagen. Das Unternehmen, seit 1905 auch im Bau von Elektrofahrzeugen der Marke „Eidechse" tätig, nahm 1923 die Fertigung von Elektroschleppern unter Abwandlung von Elektrokarren auf. Zugmaschinen für den Straßenbetrieb folgten im Jahre 1940. Der Typ ELS 220 ging aus der Konstruktion eines Gepäckkarrens hervor. Zwei 6,6-kW-Motoren waren jeweils an den hinteren Halbachsen angebracht und beschleunigten das Fahrzeug auf 15 km/h. Ein Differential konnte durch diese Anordnung fortfallen. Eine Zuglast von 6 Tonnen konnte bei 10 km/h geschleppt werden.

Der ELS 400 hatte dagegen das Aussehen eines Lastkraftwagens. Zwei 8,8-kW-Motoren trieben die zwillingsbereiften Hinterachshälften an. Die Zugleistung betrug 10 Tonnen bei einer Geschwindigkeit von 10 km/h. Beide Fahrzeuge hatten eine Reichweite von 60 km bei einer Batteriespannung von 160 Volt. Zwei bzw. vier Einheitsbatterien waren an den Fahrzeugen angebracht.

Den Verkauf der Bleichert-Elektroschlepper übernahm die Tochterfirma Bleichert-Fahrzeug-Vertriebs-GmbH in Berlin SW 11.

Nach dem Krieg wurde das Unternehmen in Köln wieder eingerichtet. 1962 ging es eine Fusion in die Pohlig-Heckel-Bleichert-Vereinigte Maschinenfabriken AG ein. Dieses Unternehmen ist 1980 in der PHB-Weserhütte AG (PWH) aufgegangen.

Sie führte die Produktion der Elektro-Kleinfahrzeuge (Schlepper und Plattformwagen) weiter, bis der gesamte Produktionsbereich an eine PWH-Tochter, die PHB-Gruppe, genauer gesagt an die Firma MAFI mit Sitz in Schwieberdingen und Tauberbischofsheim, überführt wurde.

MAFI, die seit 1955 Geräte und Systeme für den innerbetrieblichen Transport liefert (Das Roll-on-Roll-off-System wurde z.B. von diesem Unternehmen erfunden.), fertigt und vertreibt heute die Elektrofahrzeuge der ehemaligen Bleichert AG bzw. deren Nachfolger weiterhin unter dem Namen „PHB-Eidechse".

Unter dem Markennamen MAFI werden Industrie- und Hafenfahrzeuge seit 1955 produziert. Zu den Industriefahrzeugen zählen Industrie-Anhänger bis 200 Tonnen Nutzlast und darüber sowie angetriebene Sonderfahrzeuge mit Batterie- oder Dieselantrieb. Die Hafenfahrzeuge sind Terminal- und Ro/Ro-Zugmaschinen mit Ballastpritschen oder mit Hubsattelkupplung sowie die zugehörigen Schwanenhälse als Kupplungsglied zum Rolltrailer. Die „MAFI-Tractoren" gibt es mit Daimler-Benz-, Volvo- oder KHD-Motoren mit Leistungen von 110 bis 280 PS. Das Schleppvermögen beträgt 100 Tonnen und mehr. Sie haben einen kurzen Radstand und eine hydraulische Lenkung mit großem Lenkeinschlag. Lieferbare Varianten sind: Allradantrieb, drehbarer Fahrersitz für beide Fahrtrichtungen, Klimaanlage, Ballastgewicht sowie eine Zusatzhydraulik. Seit 1987 baut MAFI auch Dieselschlepper für die Industrie, für Häfen und Flughäfen.

Technische Daten der Bleichert-Zugmaschinen (Auswahl)

Typ	SP	Z	kW	K	B×H	Hubr.	D	Gew.	Zugl.	Mot.
ELS 220	1940		2× 6,6					3000	6	
ELS 400	1940		2× 8,8					4100	10	
EFZ 62/82	1952		1,5 oder 2,2 oder 3,3					900	6/11	
EFZ 122/182	1956		3 od. 4,5					1240/ 1460	9	
EFZ 302 A	1985		11					2220	15	
EFZ 502	1967		11					3200	25	
EFZ 602	1986		18					4780	30	
MAFI			PS							
MT 5/65	1987	4	48	W	76× 86	1588	3600	4100	60	VW-Diesel
MT 5/80	1987	3	59	L	102×125	3060	2500	4300	60	KHD
MT13/110	1987	6	110	W	97×128	5765	2400	3600	80	DB
MT25/170	1986	6	168	W	97×128	5765	2400	18500	125	DB, Turbo, auch Volvo 227 PS
MT36/280	1988	V8	280	W	128×142	14620	2300	24000	200	DB

18

13,2-kW-Bleichert ELS 220

17,6-kW-Bleichert ELS 400

19

18-kW-Bleichert 602.6 (1)

48-PS-MAFI MT 5.6 A (1)

168-PS-MAFI MT 25.90 (1)

BOB-Zugmaschinen, Hans Hansen, Hamburg-Wandsbeck, 1932–1941

BOB steht für Berthold Otterstädt Bremen, eine Unternehmensgruppe, die in verschiedenen Bereichen tätig war bzw. noch heute tätig ist.

Zunächst stellte dieses Hamburger Unternehmen robuste Kleinschlepper für den Stadtlieferungsdienst her. Die Fahrzeuge waren in Rahmenbauweise und mit einem Stahlblechaufbau ausgeführt; der Motor lag hinten. Diese Modelle besaßen Einzylinder-Dieselmotoren und einen Kettenantrieb.

Das 1939 herausgebrachte Modell T 20 war mit einem Zweizylinder-Deutz-Motor und einer Leistung von 20 PS ausgestattet. Vorne und hinten waren längsliegende Halbelliptikfedern angebracht. Mechanische Vierradbremsen, eine Druckluftanlage für den Hänger sowie ein 220 kg tragender Ballastraum waren vorhanden. Drei Personen konnten in dem wuchtigen, limousinenartigen Fahrzeug Platz nehmen. Bei einer Geschwindigkeit von 19 km/h konnte der T 20 eine Last von 12 Tonnen ziehen.

8,5-PS-BOB B 9

20-PS-BOB T 20 (2. Ausf.)

Der zweite Typ mit der Bezeichnung „DK 20" (für Dieselschleppkarren) erhielt den auf 22 PS gesteigerten Deutz-Motor, ein lastwagenähnliches Fahrerhaus sowie hintere Zwillingsbereifung. Die Firma BOB-Zugmaschinen wurde im Schell-Programm berücksichtigt. Die Forderung dieses Programms, einen 20-PS-Einheitstyp zwischen BOB, → Deuliewag, → Primus und → Hannoversche Fahrzeugfabrik zu entwickeln, wurde durch die Kriegsereignisse nicht mehr realisiert.

Nach dem Krieg nahm das Unternehmen die Zugmaschinenfertigung nicht wieder auf.

Technische Daten der BOB-Zugmaschinen

Typ	SP	Z	PS	K	B×H	Hubr.	D	Gew.	Zugl.	Mot.
B 9	1938	1	8,5	V					6,5	
B 10	1938	1	11	V	100×140	1099	1100			KHD
T 20	1938	2	19/20	W	100×130	2041	1500		12	KHD
DK 20	1940	2	22	W	100×140	2198	1500		12	KHD

Gebr. Boehringer GmbH, Werkzeugmaschinenfabrik, Göppingen, 1948–1950

Da alliierte Bestimmungen dem Daimler-Benz-Werk den Bau allradgetriebener Fahrzeuge untersagten, entwickelten die DB-Ingenieure FRIEDRICH, RÖSSLER und DIETRICH in der Gold- und Silberwarenfabrik Erhard und Söhne in Schwäbisch-Gmünd eine Zugmaschine mit kurzem Radstand und einem Allradantrieb. Für die Fertigung konnte der von der Demontage bedrohte Werkzeugmaschinenbetrieb *Gebr. Boehringer* gewonnen werden.

Das unter der Bezeichnung **Unimog** (für Universal-Motorgerät) bekannte Fahrzeug der ersten Bauserie besaß einen Rechteckrahmen aus U-Profilen und einen Ganzstahlaufbau bis zur Fensterhöhe sowie ein Segeltuchverdeck. Ein Holzpritschenaufbau zur Ballast- und Werkzeugaufnahme befand sich über der Hinterachse. Der gedrosselte Vorkammer-Dieselmotor des später vorgestellten DB 170 trieb mit 25 PS Vorder- und Hinterachse an. Der Vorderradantrieb ließ sich während der Fahrt zu- bzw. abschalten. Ein Spezialgetriebe mit Untersetzung ermöglichte Geschwindigkeiten bis zu 50 km/h. Eine Seilwinde mit 70 m Seillänge konnte 3,5 Tonnen ziehen.

23

25-PS-Boehringer-Unimog (1)

Die Zuglast des 1948 auf der Landwirtschaftlichen Ausstellung in Frankfurt vielbewunderten Fahrzeugs betrug 6 Tonnen.

Der Boehringer-Unimog, der in 600 Exemplaren für die Landwirtschaft und für die Industrie gefertigt wurde, besaß einen stilisierten Ochsenkopf als Markensymbol. Als die → Daimler-Benz AG wieder Allradfahrzeuge bauen durfte, holte sie den Ur-Unimog ins Gaggenauer Werk, wo noch heute nach gleicher Konzeption die Unimog-Fahrzeuge gefertigt werden.

Boehringer verlegte sich wieder auf die traditionelle Fertigung von Drehbänken.

Technische Daten der Boehringer-Zugmaschinen

Typ	SP	Z	PS	K	B×H	Hubr.	D	Gew.	Zugl.	Mot.
Unimog	1948	4	25	W	73,5×100	1697	2500	1680	6	Daimler-Benz

Stahlwerk H. Bothe, Berlin, Morsestr. 2, 1915–1918

Das noch heute existierende Stahlwerk Bothe fertigte während des Ersten Weltkrieges einen Artillerie-Kraftzugschlepper mit einem 80-PS-Kämper-Motor.

Technische Daten der Bothe-Zugmaschinen

Typ	SP	Z	PS	K	B×H	Hubr.	D	Gew.	Zugl.	Mot.
Bothe	1915	4	80	W	155×200	15087	700			Kämper

Heinrich Büssing, Spezialfabrik für Motorlastwagen, Omnibusse und Motoren, Braunschweig, Elmsstraße

1. 1917–1918 **Heinrich Büssing, Spezialfabrik für Motorlastwagen, Omnibusse und Motoren,** Braunschweig, Elmsstraße
2. 1930–1941 **Büssing-NAG, Vgte. Nutzkraftwagenwerke AG,** Braunschweig, Heinrich-Büssing-Str. 40; Werk Elbing
3. 1948 **Büssing-NAG Nutzkraftwagen GmbH**

Die Lastwagenfabrik Heinrich Büssing fertigte während des Ersten Weltkrieges eine allradgetriebene Zugmaschine für die Artillerietruppen. Das auch als „Seilwindenwagen" bezeichnete Fahrzeug besaß einen Sechszylindermotor mit 90 PS. Die Räder waren in Eisenkonstruktion mit Greifern ausgeführt.

Nachdem die inzwischen gebildeten Büssing-NAG-Werke die westpreußische Automobil- und Schlepperfabrik → Komnick im Jahre 1930 übernommen hatten, wurde dort der Komnick-Großkraftschlepper bis 1936 weitergebaut. Ein Büssing-Dieselmotor mit 52 PS Leistung kam in den nun als Typ DZ 1 bezeichneten Straßenschlepper, der auch eine Luftbereifung sowie Kotflügel erhalten hatte.

1936 löste der Büssing-NAG-Diesel-Eilschlepper den DZ 1 ab. Dieses Modell war mit einem Ganzstahlfahrerhaus auf dem verkürzten Fahrgestell des Viertonners aufgebaut. Eine Seilwinde und ein Gerätekasten befanden sich auf dem Heck der Zugmaschine. Mit einem Sechszylinder-85-PS-Motor erreichte das Fahrzeug bei einer Anhängelast von 25 Tonnen eine Geschwindigkeit von 40 km/h.

Bis Kriegsausbruch wurde der Eilschlepper gefertigt. Anschließend baute das Werk Elbing vorwiegend Dieselmotoren. 1945 wurde der Betrieb zerstört bzw. demontiert.

Erneut wurde der Eilschlepper im Jahre 1948 für kurze Zeit im Braunschweiger Werk aufgelegt. Die Straßenzugmaschine 5000 S erhielt nun den auf 105 PS gesteigerten Dieselmotor.

Technische Daten der Büssing-NAG-Zugmaschinen

Typ	SP	Z	PS	K	B×H	Hubr.	D	Gew.	Zugl.	Mot.
Artillerie-Schl.	1917	6	90	W	125×160	11775	850			
DZ 1	1930	4	52	W	110×130		4950	1800	4942	25
Eil-schlepper	1936	6	85	W	110×130		7412	1600		25
5000 S	1948	6	105	W	110×130		7412	1800		

90-PS-Büssing-Artillerieschlepper

26

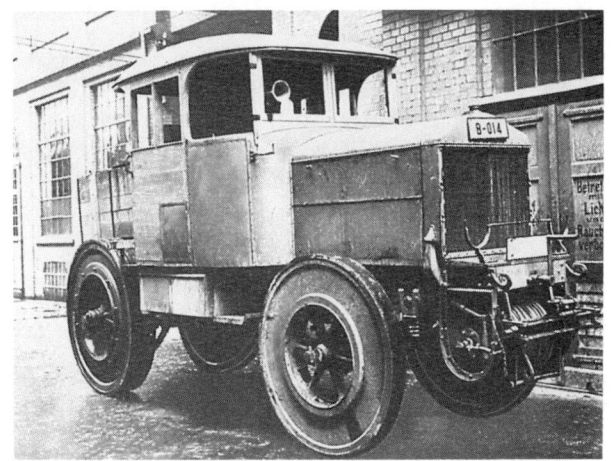

90-PS-Büssing-Artillerieschlepper

52-PS-Büssing-NAG DZ 1

27

Büssing-NAG DZ 1 Holzgas

85-PS-Büssing-NAG-Eilschlepper (1)

28

Maschinenfabrik J. E. Christoph, Niesky, Muskauerstr., 1908

Eine 6350 kg schwere, eisenbereifte Zugmaschine mit einem 23-PS-Einzylinder-Spiritusmotor stellte dieses Motoren- und Maschinenbauunternehmen her. Ein Anhänger mit einer Last von 3,5 Tonnen konnte gezogen werden.

40-PS-Benz-Traktor (1)

29

Daimler-Benz AG, Stuttgart-Untertürkheim
1. 1919–1926 **Benz u. Cie. Rheinische Automobil- und Motoren-fabrik AG, Mannheim; Abt. Benzwerke Gaggenau**
2. 1926–1935 **Daimler-Benz AG,** Stuttgart-Untertürkheim
3. 1950–heute **Daimler-Benz AG,** Stuttgart-Untertürkheim

Den während des Ersten Weltkrieges entwickelten „Benz-Traktor" fertigte das Unternehmen noch in einigen Exemplaren bis in die Mitte der zwanziger Jahre. Ein Vierzylinder-Benzolmotor mit 40 PS trieb das 4 Tonnen schwere Fahrzeug an. Das auch als „Benz-Autoschlepper" bezeichnete Modell konnte drei Anhänger ziehen. Vollgummiräder, hintere Doppelbereifung, ein vollständiger Blechaufbau bis zur Motorhöhe sowie ein Fahrerschutzdach waren die äußeren Konstruktionsmerkmale.

1925 löste ihn der Benz-Sendling-Vierradschlepper vom Typ BK ab. Ein gemeinsam mit der Firma Motorenfabrik München-Sendling entwickelter Zweizylinder-Dieselmotor wurde in ein von → Komnick entwickeltes Fahrgestell eingebaut. Der 32/35-PS-Schlepper mit Kettenantrieb wurde zunächst bei Komnick und verschiedenen anderen Firmen gefertigt, bis er kurz vor der Produktionseinstellung im Jahre 1928 im Mannheimer Werk der inzwischen gegründeten Daimler-Benz AG montiert wurde. Eine Geschwindigkeit von 8 km/h konnte die traktorähnliche Zugmaschine auf gummibereiften Felgen mit hinteren Doppelrädern erzielen. Eine Last von 15 Tonnen konnte gezogen werden. Eine Seilwinde für eine Zuglast von 5 Tonnen war an dem in Halbrahmenbauweise ausgeführten Schlepper vorhanden. Das als Universalmaschine für die Land- und Forstwirtschaft, für die Industrie und das Verkehrswesen nach den Richtlinien des Reichsernährungs- und Reichsverkehrsministeriums gebaute Fahrzeug wurde gleichzeitig mit einem 50-PS-Benzinmotor auch als eigener Komnick-Typ PT gefertigt.

Abgelöst wurde dieser Typ 1928 durch das rahmenlose Einzylindermodell OE, das von Anfang an im Mannheimer Werk gefertigt wurde. Der kompressorlose Dieselmotor trieb über eine Kardanwelle die hinteren Zwillings-Elastikräder an. Ein großer Wassertank über dem Motorblock versorgte die Verdampfungskühlanlage und gab dem Schlepper ein charakteristisches Aussehen. Eine Seilwinde, ein doppelter Fahrersitz und ein Wetterschutz konnten wahlweise angebaut werden. Die Höchstgeschwindigkeit des mit nur wenig Erfolg verkauften Dieselschleppers lag bei 15 km/h.

24-PS-Daimler-Benz OE

168-PS-Unimog 1700 (1)

31

25-PS-Unimog 401/402

25-PS-Unimog 401/402

65-PS-Unimog 406 (1)

40-PS-Unimog 421 (1)

Technische Daten der Benz / Daimler-Benz-Zugmaschinen

Typ	SP	Z	PS	K	B×H	Hubr.	D	Gew.	Zugl.	Mot.
Benz-Traktor	1919	4	40 32/	W	120×180	8138	800	4000		
BS-Vierrad	1925	2	35	W	135×200	5722		2800	15	Diesel-Motor
OE	1928	1	24	Th	135×240	3433	800	2200		
OE	1928	1	24/26	Th	135×240	3433	800	3200		
OE	1929	1	26	Th/W	150×240	4239	800	2560		
401/402	1951	4	25	W	73,5×100	1697	2500	1680	6	ab 1959 32 PS, ab 1966 34 PS
U 34/411	1956	4	30	W	75×100	1767	2750	2300	7,8	ab 1959 32 PS, ab 1966 34 PS
U 65/406	1963	6	65	W	90×120	3052	2250	3500	22	ab 1961 97×128
U 80/416	1965	6	90	W	97×128	5675	2800	3500	24	ab 1969 90 PS, U 90
U 52/421	1966	4	40	W	91×92,4	2404	3000	2850	13	ab 1970 52 PS
U 70/406	1966	6	70	W	97×128	5675	2250	3500		
U 54/403	1966	4	54	W	97×128	3782	2250	3500	16,2	ab 1968 66 PS
U 45/421	1968	4	45	W	87×92,4	2197	3000	2700		
U 80/426	1969	4	80	W	97×128	3782	2600	3520	22	ab 1971 6 Zyl., 84 PS, U 84
U 66/403	1969	4	66	W	97×128	3782	2250	3500	15	
U 100/416	1970	6	100	W	97×128	5675	2800	3400		ab 1974 110 PS, U 110
U 95	1974	6	95	W	97×128	5675	2400	4510	27	
U 120/425	1974	6	120	W	97×128	5675	2600	4800	22	Turbo, ab 1978 125 PS
U 150/425	1975	6	150	W	97×128	5675	2600	5400	29	Turbo, auch 38 Tonnen
U 72/403	1976	4	72	W	97×128	3782	2250	3500		
U 90/424	1976	6	90	W	97×128	5675	2400	3700		
U 600	1976	4	52	aus U 52/421						
U 800	1976	4	75	aus U 72/403						
U 900	1976	6	90	aus U 84/406						
U 1000	1976	6	95	aus U 95/424						

Technische Daten der Benz / Daimler-Benz-Zugmaschinen (Fortsetzung)

Typ	SP	Z	PS	K	B×H	Hubr.	D	Gew.	Zugl.	Mot.
U 1100	1976	6	110		aus U 110/416					
U 1200/ 1250/1300	1976	6	120/ 125		aus U 120/ 125/425					
U 1700	1981	6	168	W	97×128	5675	2600	5650	47	Turbo
MB-trac 65/70	1973	4	65	W	97×128	3780	2400	3595		ab 1976 MB-trac 700, ab 1984 72 PS
MB-trac 800	1975	4	72	W	97×128	3780	2600	3950		
MB-trac 1100	1976	6	110	W	97×128	5675	2600	6020		
MB-trac 1300	1976	6	125	W	97×128	5675	2600	6020		Turbo
MB-trac 1500	1980	6	150	W	97×128	5675	2600	6400		Turbo
MB-trac 900	1981	4	85	W	97×128	3780	2400	4080		
MB-trac 1000	1982	6	95	W	97×128	5675	2400	4320		
KVG 33 ZB	1975	V 10	320	W	125×130	15950	2500		100	
L 1206 WP/ 45 Z	1977	6	450	W	165×155	19860	2200		100	MTU
2636 AK	1983	V 10	360	W	128×142	18273	2300	8565		
2638 S	1983	V8	380	W	128×142	14618	2300	9165		Turbo
3850 AS	1984	V 10	500	W	128×142	18273	2300			Turbo

Da es nach dem Zweiten Weltkrieg den DB-Werken von alliierter Seite untersagt war, allradgetriebene Fahrzeuge zu fertigen, ließ die Daimler-Benz AG durch ihre Ingenieure FRIEDRICH, RÖSSLER und DIETRICH bei der Firma Erhard u. Söhne bzw. der Werkzeugmaschinenfabrik → Gebr. Boehringer ein kompaktes Zugfahrzeug mit der Bezeichnung *Unimog* entwickeln.

Nachdem die Restriktionen der westlichen Siegermächte gefallen waren, übernahm DB die gesamte Fertigungseinrichtung des Boehringer-Unimogs. Mit dem DB-Emblem wurde der „Unimog 401/402" von 1951 bis 1956 im Gaggenauer Schwerlastwagenwerk weitergebaut. Ein erster Großauftrag auf 400 Zugmaschinen lag von der Schweizer Armee vor.

Die PS-Leistungen wurden zweimal geringfügig erhöht. Ab 1953 konnte der Unimog wahlweise mit dem offenen Fahrerhaus und Segeltuchdach oder mit einem Ganzstahlfahrerhaus geliefert werden. Nachfolgetyp war der „411", der von 1956 bis 1974 mit Leistungen von zunächst 30, später 32 und schließlich 34 PS gebaut wurde. Sowohl mit dem Segeltuchaufsatz als auch mit dem Ganzstahlfahrerhaus wurde auch dieser Typ geliefert, der sich kaum vom Vorgängermodell unterschied. Die Zuglast des seit 1957 mit einem Synchrongetriebe ausgestatteten Fahrzeugs betrug 8 Tonnen. In den 60er Jahren weitete Daimler-Benz das Unimog-Programm mit Fahrzeugen von 45 bis 90 PS aus. Die Motoren arbeiteten jetzt nach dem Direkteinspritzsystem. Die Fahrerhäuser ließen sich zur besseren Wartung des Motors nach vorne klappen. Die teilweise noch heute im Programm befindlichen Fahrzeuge erhielten wiederum ein offenes oder geschlossenes Fahrerhaus.

1976 (1974 vorgestellt) folgten mit einem neuen, kantigen Vorbau und einem größeren Fahrerhaus 95, 120, 125 und 150 PS starke Fahrzeuge. Gleichzeitig wurde die Typenbezeichnung beider Modellreihen geändert. Der 150-PS-Typ „U 1500" erzeugt seine Leistung mit Unterstützung eines Turboladers. 1981 ist als stärkster Unimog der „U 1700" hinzugekommen. Sein aufgeladener 168-PS-Motor befähigt das Fahrzeug, eine Zuglast von 47 Tonnen zu bewegen.

Etwa 280000 Unimog-Fahrzeuge, darunter über 200000 Zugmaschinen, sind bis 1987 gefertigt worden. Die Exportquote dieses Universalfahrzeugs als Zugmaschine, Geräteträger und Lastwagen liegt zwischen 50 und 70 Prozent.

Aus der Unimog-Reihe entwickelte das Unternehmen zu Beginn der siebziger Jahre eine unkonventionelle Allradschlepperreihe mit der Modellbezeichnung „MB-trac". Der Allradantrieb über vier gleich große und gleich breite Räder mit Differentialsperren in beiden Achsen gibt dem Fahrzeug eine enorme Zugkraft. Die Portalachsen gewährleisten eine große Bodenfreiheit in unwegsamem Gelände. Die in Rahmenbauart konstruierte Zugmaschine besitzt in Fahrzeugmitte eine ein- oder zweisitzige Fahrerkabine. Die Höchstgeschwindigkeit beträgt 40 km/h, die Zuglasten liegen zwischen 10 und 50 Tonnen.

Erstmals wurde der Typ „MB-trac 65/70" (später „MB-trac 700") im Jahre 1972 vorgestellt und 1973 in die Serienproduktion genommen. Sieben Modelle, die in ihren Motorleistungen den Unimog-Typen entsprechen, sind bis 1982 entwickelt worden. Etwa 30000 Fahrzeuge für die Land-, Forst-, Kommunalwirtschaft, für die Industrie und spezielle Zugeinsätze sind bisher gebaut worden.

Im Jahre 1987 wurde mit der → Klöckner-Humboldt-Deutz AG beschlos-

Unimog 416 Doppelkabine (1)

500-PS-Daimler-Benz 3850 (1)

sen, in den neunziger Jahren ein gemeinsames Zugmaschinenmodell zu entwickeln, das den „MB-trac" und den KHD-„Intrac" ablösen soll.

Neben den Unimog- und „MB-trac"-Modellen fertigte Daimler-Benz zeitweise auch schwere Zugmaschinen auf der Basis von DB-Lastkraftwagen. So erschien 1972 der „L 1206 WP/45 Z" mit einem 450-PS-Motor und einer Zugfähigkeit von 100 Tonnen. Die gleiche Zugleistung erreichte der „KVG 33 ZB" von 1975 mit einem 320-PS-Motor.

Seit der Übernahme der Adolphe Saurer AG in Arborn/Schweiz und der Franz Bronzincevic Fahrzeugwerke in Wetzikon (FBW) im Jahre 1982 hat die Daimler-Benz AG auch ein Standbein im schweren Zugmaschinenmarkt. Auf der Basis von schweren Muldenkipperfahrgestellen fertigt die aus beiden Schweizer Unternehmen gegründete Nutzfahrzeuggesellschaft Arborn-Wetzikon (NAW) 360, 380 und 500 PS starke Zugmaschinen. Saugoder Turbomotoren kommen zum Einsatz.

Daimler-Motoren-Gesellschaft (DMG), Stuttgart-Untertürkheim, Mercedesstraße, 1907–1925

1907 erschienen eine 45 PS und eine 60 PS starke Zugmaschine für zwei bis vier Anhänger bzw. 4 bis 6 t Zuglast bei 18 km/h.

Die während des Krieges entwickelte → Krupp-Daimler-Zugmaschine baute Daimler nach dem Krieg als Schwerlastkraftwagen mit Allradantrieb in ziviler Version weiter. Der Vierzylinder-Benzolmotor leistete 100 PS und

Daimler-Zugmaschine im Gelände

60-PS-Daimler-Allrad Militärlastwagen

100-PS-Krupp-Daimler (1)

gab über ein Achtganggetriebe und eine Kardanwelle seine Kraft auf die Hinterachse mit Zwillingsrädern ab. Eine Höchstgeschwindigkeit von 45 km/h konnte erreicht werden. Über Blattfedern wurden die Achsen gegenüber dem Fahrgestellrahmen abgestützt.

Die ursprünglich eisenbereiften Holzräder mit Stollen wurden nach Besserung der Kautschuklage Anfang der zwanziger Jahre gegen Elastikräder ausgetauscht. Mit Spezialrädern konnte die Zugmaschine auch im Eisenbahnbetrieb eingesetzt werden. Eine Differentialsperre und eine Seilwinde für 5 t Zuglast waren vorhanden. Die Nutzlast betrug 3 Tonnen, eine Anhängelast von 15 Tonnen konnte bewegt werden.

Mit der Fusion der DMG zur → Daimler-Benz AG wurde dieses nur schwer verkäufliche Modell eingestellt.

Technische Daten der Daimler-Zugmaschinen

Typ	SP	Z	PS	K	B × H	Hubr.	D	Gew.	Zugl.	Mot.
	1907	4	45	W					4	
	1907	6	60	W					6	Allradantrieb
Daimler	1918	4	100	W	150 × 170	12010	1200	7200	10	

Deuliewag, Deutsche Lieferwagen GmbH, Berlin-Tegel, Chausseestr. 45
1. 1936–1945 **Deuliewag, Deutsche Lieferwagen GmbH,**
   Berlin-Tegel
2. 1948–1951 **Deuliewag Maschinen- u. Apparatebau GmbH,**
   Lübeck-Siems
3. 1952 **Deuliewag Traktoren- und Maschinen-GmbH,** Hamburg-Altona, Große Bergstr. 258 u. Hamburg 36, Alsterufer 16

Die Deuliewag, ein Zweigbetrieb der Borsig-Werke, war ursprünglich zur Fertigung von Lieferwagen gegründet worden. Tatsächlich wurden jedoch neben Maschinen Traktoren für die Landwirtschaft und für die Industrie hergestellt.

Ab 1936 fertigte Deuliewag ein- und zweizylindrige Zugmaschinen mit Güldner- und Junkers-Dieselmotoren.

28-PS-Deuliwag D 28

32-PS-Deuliwag D 32 F

Im Jahre 1939 kam der Typ D 32 F mit einem Zweizylinder-Güldner-Wälzkammermotor heraus. Über einen Schneckenantrieb wurde die gefederte und zwillingsbereifte Hinterachse in Bewegung gesetzt. Motor und Getriebe waren in Blockbauart mit Stahlprofilunterstützung ausgeführt. Ein offenes oder ein geschlossenes Fahrerhaus konnte aufgesetzt werden. Die Vorderachse war durch querliegende Blatt-, die Hinterachse durch zwei längsliegende Halbelliptikfedern abgestützt. Bei einer Zuglast von 20 Tonnen erreichte der Schlepper eine Geschwindigkeit von 20 km/h, bei 8 Tonnen kam das Fahrzeug auf 35 km/h. Ein weiteres Vorkriegsmodell war der ebenfalls in Blockbauart ausgeführte D 18 F bzw. spätere D 20 F.

Nach der Zerstörung und der Demontage des Berliner Werkes richtete die Deuliewag in Lübeck ein neues Montagewerk ein. 1948 konnte das Unternehmen wieder Zugmaschinen ausliefern. Hierbei handelte es sich um die Typen DS 28 und D 36. Gegenüber den Vorkriegsmodellen D 20 F und D 32 F waren die Fahrzeuge in Rahmenkonstruktion mit geschlossenem, dreisitzigem Fahrerhaus ausgeführt. Güldner- und MWM-Motoren gelangten hier zum Einbau. Durch ein zweistufiges Schnellganggetriebe erreichte der „Eilschlepper D 36" eine hohe Geschwindigkeit bei Leerfahrten.

Schließlich folgte 1951 noch der vierzylindrige D 60 mit einem luftgekühlten 60-PS-Motor von Deutz. Nur wenige Exemplare gelangten zum Verkauf. 1952 stellte das Unternehmen die Fertigung der Zugmaschinen ein. Ca. 1000 Fahrzeuge wurden insgesamt gefertigt. 1960 erlosch die Firma.

Technische Daten der Deuliewag-Zugmaschinen

Typ	SP	Z	PS	K	B×H	Hubr.	D	Gew.	Zugl.	Mot.
D 9	1936	1	9						6,5	
D 12		1	12		105×138	1194	1500		8	Güldner
D 16		1	14/16		105×150	1298	1500	1500	10	Güldner
D 14		1	13/14	V	65×90 / 120	1920	1200		12	Junkers
D 28		2	27/28	W	65×90 / 120	3840	1200		15	Junkers
D 32 F	1939	2	32	W	105×150	2596	1800	3250	20	Güldner
D 18 F		2	18/20	W	105×150	2596	1500	1500	10	Güldner
D 20 F		2	20	W	100×150	2355	1500	1850		MWM
DS 28	1948	2	28	W	105×150	2596	1500	1900		Güldner, Holmag, 30 PS
D 36	1949	3	36	W	100×150	3533	1500	2900		MWM, ab 1951 38 PS
D 60	1951	4	60	L	110×140	5320	1650	3100		Deutz

42

Dürkopp-Werke AG, Bielefeld, Moltkestr. 2, 1913–1918

Die seinerzeit bekannte Maschinen- und Automobilfabrik Dürkopp entwik-
kelte kurz vor dem Ersten Weltkrieg einen schweren Heeresschlepper,
auch „Seilwinden-Schlepper" genannt. Ein Vierzylindermotor mit einem
Hubraum von 15 Litern kam zum Einbau. Eine Seilwinde war an dem
überdimensionalen Fahrzeug vertikal eingebaut.
Nach dem Krieg standen Lastkraftwagen im Vordergrund der Dürkopp-
Produktion. Zeitweise waren nach 1945 auch Fahrräder und Motorräder
gefertigt worden, danach zählten in dem zum Kugelfischer-Konzern gehörenden Unternehmen Industrienähmaschinen und Fördergeräte zur Angebotspalette.

Technische Daten der Dürkopp-Zugmaschinen

Typ	SP	Z	PS	K	B×H	Hubr.	D	Gew.	Zugl.	Mot.
Heeres-schl.	1913	4	80/100	W	165×178	15217		7450		

Artillerieschlepper als Seilwindenwagen

43

Gebr. Eicher Traktoren- u. Landmaschinen-Werke GmbH, Forstern b.
München, Hauptstr. 2, 1958–1970

Die von den Brüdern Joseph und Albert EICHER im Jahre 1936 gegründete
Traktorenfabrik nahm 1958 zur Ausweitung der Produktionspalette den
Bau von Zugmaschinen und später von Schnellastwagen auf. Eicher-Drei-
und Vierzylindermotoren mit Radial-Luftkühlung trieben die Frontlenker-
Fahrzeuge an.
Erstes Fahrzeugmodell war der Farm-Express. Das Transport- und Zug-
fahrzeug besaß das leicht geänderte Fahrerhaus des Tempo-Matador.
Unterschiedliche Traktorräder gaben dem vor allem in der Landwirtschaft
eingesetzten Fahrzeug ein eigenwilliges Aussehen. Der Antrieb erfolgte auf
die Hinterachse.
Mit der Ausweitung der Fahrzeugherstellung auf die Frontlenkerbaumuster
Transexpress erschien 1965 eine 54, später 60 PS starke Zugmaschine.
Das Fahrzeug war einzelbereift und konnte 25 t Last ziehen. Das vorklapp-
bare Fahrerhaus der ersten Bauserie entsprach dem des italienischen OM-
„Lupetto". Spätere Fahrzeuge erhielten ein von Eicher konstruiertes Fahrerhaus. 1970 gab Eicher den eigenen Fahrzeugvertrieb auf, produzierte
aber noch bis 1975 diesen 7,5-Tonnen-Lastwagen als Magirus-Fahrzeug
„M 80 D 7".

Technische Daten der Eicher-Zugmaschinen

Typ	SP	Z	PS	K	B×H	Hubr.	D	Gew.	Zugl.	Mot.
Farm-Express	1958	3	45	L	100×150	4275	1500			
Farm-Express	1965	4	54	L	100×125	3927	2150			
Express EL 250 ZA	1964	4	54	L	100×125	3927	2150	2300	25	
Express EL 250 ZB	1965	4	60	L	100×125	3927	2300	2300	25	
Express EZ 540	1965	4	60	L	100×125	3927	2300	2420	25	
Express EZ 600	1965	4	60	L	100×125	3927	2300	2600	25	

54-PS-Eicher EL 250 ZA (1)

60-PS-Eicher EZ 540 (1)

Elitewagen AG, Berlin SW 29, Zossenerstr.; Brand-Erbisdorf i. S.
1. 1926–1927 **Elitewagen AG,** Berlin SW 29, Zossenerstr.; Brand-Erbisdorf i. S.
2. 1927–1928 **Elite-Diamant-Werke AG,** Brand-Erbisdorf i. S., **Zweigniederlassung der Elitewagen AG,** Ronneburg S.-A.
3. 1928–1929 **Fahrzeugfabrik Carl Richard u. Co. GmbH, Abt. Karosseriewerk Ronneburg,** Ronneburg S.-A.
4. 1930–1937 **Paul Muchow,** Berlin W 62, Nettelbeckstr. 4

Die Elite-Fahrrad- und Automobilwerke beteiligten sich ab Mitte der dreißiger Jahre am Personenwagen-, Lastwagen-, Elektromobil-, Kommunalfahrzeug- und Elektroschlepperbau.

Das erste Modell besaß einen 22-kW-Elektromotor, der bei 12 km/h einen Aktionsradius von 40 bis 50 km ermöglichte. Der Batterietrog war gefedert am Rahmen untergebracht. Ein weiteres Modell erschien 1931 als 10-Tonnen-Zugfahrzeug. In einem abgefederten Rahmen befand sich der Elektromotor, der von einer Batterie mit 160 Volt gespeist wurde. Die Lenkung erfolgte durch ein Achsschenkelsystem.

Paul MUCHOW, Generaldirektor der Elite-Werke, der 1926 den Berliner Elektro-Zweigbetrieb übernommen hatte, ließ ab 1936 einen Frontlenker-Elektroschlepper mit und ohne geschlossenem Fahrerhaus fertigen. Um das hintere Differential zu sparen, waren die Hinterräder eng aneinanderliegend ausgeführt. Seitliche Ballastkästen erhöhten die Adhäsion. Die Höchstgeschwindigkeit betrug 30 km/h, der Aktionsradius sollte bei 125 km liegen.

Die noch heute bestehenden Elite-Diamant-Werke in Brand-Erbisdorf gelangten vorübergehend unter den Einfluß der Opel-Werke. Heute werden dort wie eh und je Fahrräder der Marke „Diamant" hergestellt.

Technische Daten der Elite-Zugmaschinen

Typ	SP	Z	kW	K	B×H	Hubr.	D	Gew.	Zugl.	Mot.
Elite	1926		30				1100	5200		
Elite	1931									
Muchow	1936								15	

46

30-kW-Elite

Elite-Muchow

47

Maschinenfabrik Fahr AG, Gottmadingen, 1951

Die Landmaschinenfabrik Fahr rüstete Anfang der fünfziger Jahre den Ackerschleppertyp D 60 zum Straßenschlepper um. Der als D 55 L bezeichnete Typ wurde mit anderen Kotflügeln und einer Winkerausrüstung für den Straßenverkehr ausgestattet.

Technische Daten der Fahr-Zugmaschinen

Typ	SP	Z	PS	K	B×H	Hubr.	D	Gew.	Zugl.	Mot.
D 55 L	1951	4	55/ 60	L	110×140	5320	1650			Deutz

FAMO Fahrzeug- und Motorenwerke GmbH, vorm. Maschinenbau Linke-Hofmann, Breslau, Grundstr. 12, 1937–1944

Die FAMO-Werke, die zum Junkers-Flugzeugkonzern gehörten, entwickelten aus ihrem 42/45-PS-Ackerschlepper auch eine Straßenversion für eine Zugleistung von 40 Tonnen im ersten Gang und 16 Tonnen bei normaler Fahrt. Eine Geschwindigkeit von 25 km/h konnte die Zugmaschine erzielen.
Auf dem rahmenlosen Motor-Getriebeblock war ein Führerhaus mit einer Sitzbank für zwei Personen angebracht. Eine Druckluftanlage zum Abbremsen des Anhängers war eingebaut.
Dieser FAMO-Typ galt als mittlerer Verkehrsschlepper und sollte nach dem

Technische Daten der FAMO-Zugmaschinen

Typ	SP	Z	PS	K	B×H	Hubr.	D	Gew.	Zugl.	Mot.
45-PS-Schlepper	1937	4	42/ 45	W	105×145	5019	1200	3850	40	
Junkers	1937	4	125	W	85×96/ 144	5548	1600			Gegenkolbenmotor

45-PS-FAMO

45-PS-FAMO

49

125-PS-FAMO-Junkers

Schell-Programm durch einen gemeinsam mit → Hanomag zu entwerfenden Einheitstyp abgelöst werden.

Gleichzeitig brachte FAMO den Prototyp einer Zugmaschine in Gestalt eines verkürzten Lkws heraus. Ein 125 PS starker Junkers Gegenkolbenmotor trieb das Fahrzeug an.

Während der Kriegszeit lieferte FAMO dann schwere Halbkettenzugmaschinen für die Panzertruppe, um defekte Fahrzeuge mit Tiefladern abschleppen zu können. In den letzten Kriegsmonaten wurden die FAMO-Werke nach Sachsen ausgelagert, wo später wieder FAMO-Erzeugnisse u. a. in Nordhausen (→ Nordhäuser Maschinenbau) gefertigt worden sind.

FAUN-Werke AG, Kommunalfahrzeuge und Lastkraftwagen Karl Schmidt, Lauf a. d. Pegnitz

    1. 1934–1963 **FAUN-Werke, Kommunalfahrzeuge und Lastkraftwagen Karl Schmidt,** Nürnberg, Höfenerstr. 53 und Wächterstr.; ab 1948 Lauf a. d. Pegnitz

    2. 1963–1967 **FAUN-Werke KG, Kommunalfahrzeuge und Lastkraftwagen Karl Schmidt**

    3. 1967–1976 **FAUN-Werke GmbH u. Co. KG, Kommunalfahrzeuge und Lastkraftwagen Karl Schmidt**

4. 1976–1984 **FAUN-Werke KG, Kommunalfahrzeuge und Lastkraftwagen Karl Schmidt**
5. 1984–heute **FAUN-Werke AG, Kommunalfahrzeuge und Lastkraftwagen Karl Schmidt**

Die Firma FAUN geht aus dem Zusammenschluß der Nürnberger Feuer-
löschgeräte-, Automobillastwagen- und Fahrzeugfabrik mit der Fahrzeugfabrik Ansbach im Jahre 1918 hervor. Die Abkürzung FAUN steht dabei für
Fahrzeugfabrik Ansbach und Nürnberg.
1913 hatte der Unternehmer Karl SCHMIDT (1884–1938) mit seiner Firma
Nürnberger Wagenbau und Radfabrik das spätere Nürnberger Stammun-
ternehmen erworben und zunächst in Nürnberger Feuerlöschgeräte- und
Fahrzeugfabrik Karl Schmidt umbenannt. Der Nürnberger Betriebsteil war
1845 von Justus Christian BRAUN als Nürnberger Feuerlöschgerätefabrik
gegründet worden, die zunächst Gußteile, Glocken, Armaturen und Feuer-
löschmaterial herstellte. 1890 brachte sie ihre erste Dampfspritze und 1906
ihren ersten 10-Tonnen-Lkw auf den Markt.
Die Fahrzeugfabrik Ansbach wurde 1906 gegründet und stellte leichte
Nutzfahrzeuge auf verstärkten Pkw-Fahrgestellen her. Während des Ersten
Weltkrieges standen 3-Tonnen-Lastkraftwagen im Programm.

110-PS-FAUN Z 66

51

Von 1926 bis 1930 trennten sich beide Firmen, schlossen sich aber dann wieder als GmbH zusammen. Benzinelektrische Omnibusse und Kommunalfahrzeuge wurden nun in der vorübergehend zur Krupp AG gehörenden Fabrik produziert.

Schon früh nahm die Firma FAUN auch den Bau von Kranwagen und schließlich im Jahre 1935 den Bau von Zugmaschinen auf.

Erster erfolgreicher Zugmaschinentyp war der „FAUN 110 PS Eilschlepper". Ein Sechszylindermotor von Deutz trieb das 1936 erschienene Fahrzeug an. Ein dreisitziges Fahrerhaus war auf dem Stahlprofilrahmen aufgebaut. Über der hinteren Antriebsachse befanden sich ein Ballast- und ein Werkzeugkasten.

Auch mit einer Generatoranlage konnte dieses Fahrzeug geliefert werden. Dazu erhielt der Straßenschlepper ein Doppelfahrerhaus und einen längeren Radstand.

Mit einem auf 125 PS ausgelegten Motor wurde das Fahrzeug als Typ Z 566 ausgeliefert. Schließlich wurde dieses zweiachsige Modell 1937 überarbeitet. Äußerlich glich es jetzt dem mittleren FAUN-Lkw L 400. Auf den 110-PS-Motor wurde beim Z 566 zurückgegriffen. Eine Ballastpritsche für 4 Tonnen stand jetzt zur Verfügung.

Als schwere Type und als Urahn der späteren FAUN-Schwerlast-Zugmaschinen kam 1938 der FAUN ZR 567 hinzu. Auf einem Preßstahlfahrgestell war ein KHD-Sechszylindermotor aufgesetzt, der 150 PS leistete. Über ein Fünfganggetriebe mit Schnecke wurde die Hinterachse in Bewegung ge-

110-PS-FAUN mit Generator

110-PS-FAUN Z 566

setzt. Eine Schubkegelübertragung nahm die Kräfte beim Anfahren und Schalten auf.

Das Fahrzeug war mit Doppelbereifung, viertürigem Fahrerhaus und Schlafgelegenheiten ausgestattet. Ein Ballastgewicht von 4,5 Tonnen oder eine Ballastbrücke für eine Nutzlast von 4,25 Tonnen konnten aufgebaut werden. Der 240-Liter-Tank sollte für eine Fahrstrecke von 400 km ausreichen. Eine Mehrzylinder-Druckluftanlage unterstützte den Bremsvorgang. Bei einem Eigengewicht von 5,9 Tonnen und der Ballastanlage konnte der ZR 567 zwei vollbeladene Dreiachsanhänger oder eine Zuglast von 100 Tonnen bewegen.

Eine Besonderheit dieser Modellreihe war die Möglichkeit, den ZR 567 auch als Schienenschlepper mit 90 cm großen Schienenrädern ausrüsten zu lassen. An der Front- und Heckseite des ZRS 567 (ZRS für Zugmaschine Rad/Schiene) waren Hülsenpuffer und Eisenbahnkupplungen angebracht. Ein Wendegetriebe sorgte für eine Vorwärtsgeschwindigkeit von 54 km/h und eine Rückwärtsgeschwindigkeit von 66 km/h (ohne Belastung). Auch mit einem hinteren Steuerstand wurde ein Exemplar des Schienenschleppers als Typ AZRS (A für Allradantrieb) gebaut. Die Zugleistung auf der Schiene betrug bei 5 bis 10 Güterwagen 120 Tonnen.

53

150-PS-FAUN Z 567

Die Absicht, den bewährten 150-PS-Schlepper auch als Halbkettenfahrzeug (Raupenschlepper RS) herzustellen, wurde durch die Kriegseinwirkungen nicht mehr verwirklicht.

Schließlich ist noch zu erwähnen, daß die Fahrzeuge der ZRS-Baureihe zum wahlweisen Einsatz auf der Straße und auf der Schiene mit auswechselbaren Rädern eingesetzt werden konnten.

Während der Kriegszeit erhielten die im Heimatland eingesetzten Zugmaschinen als Typen ZRG eine Generatoranlage, während die vielen beim Heer, bei der Luftwaffe und der Organisation Todt eingesetzten Fahrzeuge ihre Dieseleinspritzanlage behielten.

Schwerster FAUN-Zugmaschinentyp der Vorkriegszeit war der 1939 erschienene Z 587, der einen 170-PS-Achtzylindermotor von KHD erhielt. Die nur in wenigen Exemplaren gebaute Zugmaschine besaß eine hintere Doppelachse und eine große Ballastpritsche.

Die FAUN-Montagewerke in Nürnberg-Wöhrd wurden im Kriegsjahr 1944 total zerstört. Völlig neu eingerichtete Werke entstanden kurz nach dem Krieg in Schnaitach (Werk Bahnhof Schnaitach) und in Neunkirchen am Sand. Die Verwaltung wurde in Lauf a.d. Pegnitz untergebracht.

Im Vordergrund der Nachkriegsproduktion standen zunächst Kommunal- und Sonderfahrzeuge, Schwerlastkraftwagen, Omnibusse, Muldenkipper und schließlich wieder schwere Zugmaschinen.

54

Erster Zugmaschinen-Nachkriegstyp war der nahezu unvervändert weitergebaute ZR 567, nun als Typ LZ bezeichnet. Die Ballastbrücke erhielt bei diesem Modell eine vollständige Verkleidung.

1950 wurde der LZ vom Typ FZ 60 abgelöst, der nun mit einem luftgekühlten 130-PS-KHD-Motor versehen wurde. Für stärkere Zugleistungen kam 1951 der auch wahlweise mit Allradantrieb lieferbare L 8 hinzu. Der KHD-Motor leistete bei diesem Fahrzeug 175/180 PS.

In den späten fünfziger Jahren lieferte FAUN die schweren Bundeswehr-Transportfahrzeuge. Unter den etwa 10 000 FAUN-Fahrzeugen der Bundeswehr-Erstgeneration befand sich als bisher einzige ausgesprochene Artillerie-Zugmaschine der FAUN-Typ L 908. Das zweiachsige allradgetriebene Modell konnte mit einem 170-PS-Motor Lasten von 80 Tonnen bewegen. Übergroße Reifen des in kurzer Bauweise ausgeführten Fahrzeugs trugen zu einer guten Geländegängigkeit und Steigfähigkeit bei. Das mit einer Ballasteinrichtung 19 Tonnen schwere Fahrzeug erreichte eine Höchstgeschwindigkeit von 50 km/h.

Neben dem kleinen, zweiachsigen 85-PS-Zugmaschinentyp F 64 und dem mittelschweren, sechsachsigen 170-PS-Typ F 68 oder L 908 stellte FAUN 1961 einen 250 PS starken Schlepper mit der Bezeichnung Z 12 vor.

Nachdem 1967 die 300-PS-Stärke überschritten wurde, folgte 1969 ein 450 PS starkes Modell mit einem MTU-Motor.

Mit der Einstellung des Lkw-Baues im gleichen Jahr weitete das Unternehmen die Zugmaschinen-Modellreihe weiter aus. Diese Typen wurden in kleinen Serien oder in Einzelanfertigung hergestellt. Sonderwünschen der

FAUN Z 567 mit Generator

FAUN Z 567 als Schienenfahrzeug

250-PS-FAUN F 610/36 ZAN

250-PS-FAUN Z 12

300-PS-FAUN L 1212/45 ZA

364-PS-FAUN HZ 36.40/45 (1)

480-PS-FAUN FZ 40.45/45 (1)

390-PS-FAUN L 1212/45 ZA (1)

1000-PS-FAUN HZ 70.80/50 (1)

275-PS-FAUN HZ 32.25/40 (1)

Auftraggeber konnte damit jederzeit für entsprechende Spezialaufgaben entsprochen werden. Daneben hatte sich FAUN auf den Bau von Kranträger-, Kommunal-, Flugfeld-Feuerlösch- und Hüttenwerksfahrzeugen sowie Muldenkipper, Speziallastwagen, Baumaschinen und Fahrzeugkomponenten konzentriert.

Standardtyp für viele Jahre war der L 1212/45 A von 1967, eine dreiachsige Zugmaschine mit einem 340-PS-Motor, der 1969 im L 1206 WP/45 Z auf 450 PS gesteigert wurde.

Mitte der siebziger Jahre erhielt der 450-PS-Typ das neue Bezeichnungssystem und wurde als HZ 36.45/45 WP 6 × 6 angeboten. (Das HZ steht dabei für Hauben-, ein F für Frontlenkerzugmaschine.) Als kleinere Modelle wurden die Zweiachs-Zugmaschine F 610 mit Allradantrieb und die dreiachsige Zugmaschine F 60 beibehalten.

Als stärkste FAUN-Zugmaschine der siebziger Jahre erschien 1975 der F 54.80/48 WP mit einem 780 PS starken MTU-V-8-Motor. Das 28 und mit Ballast 42 Tonnen schwere Fahrzeug zieht eine Last von 378 Tonnen. Ein hydrostatisches Getriebe dient zur Kraftübertragung auf die vier Achsen.

425-PS-FAUN HZ 46.40/49 (1)

Darüber hinaus umfaßte eine neue Systemreihe um 1977 mit vorwiegend Haubenfahrzeugen Leistungen von 275, 326, 365 und 425 PS. Luft- oder wassergekühlte Motoren treiben die zwei-, drei- und vierachsigen Fahrzeuge an. Hinterachsen- oder Allradantriebe können gewählt werden. Über den Hinterachsen ist entweder eine Sattelkupplung oder eine abnehmbare Ballastpritsche aufmontiert. Hinzuweisen ist an dieser Stelle, daß die FAUN-Zugmaschinen mit entsprechender Umrüstung auch als Sattelzugfahrzeuge verwendet werden können.

Ein Großteil an FAUN-Gelände-Spezialzugmaschinen konnte in den siebziger Jahren an die Sowjetunion geliefert werden. Dort wurden die Fahrzeuge zum Bau der Jamal-Erdgasleitung unter schwierigsten klimatischen Bedingungen eingesetzt. Haupttyp dieser Lieferung war die HZ 36.40/45 mit einem ZF-Getriebe und einem Allison-Drehmomentwandler.

Erneut steigerte FAUN die Leistungen der Zugmaschinen im Jahre 1980. Ein 1000 PS starker MTU-Motor trieb die überarbeitete HZ 70.80/50 W an, die an ein Unternehmen in Spanien geliefert wurde. Das auch mit einer General-Motors-Maschine lieferbare Fahrzeug kann bei einem Leergewicht von 23 Tonnen und einer entsprechenden Ballastmenge eine Last von 400 Tonnen ziehen und ist zur Zeit die stärkste Zugmaschine aus deutscher Produktion.

Daneben stellt FAUN zu Beginn der achtziger Jahre Haubenzugmaschinen mit 250, 364, 480, 530 und 600 PS in zwei-, drei- und vierachsiger Ausführung her. Auf die überschweren Fahrzeuge wird seit 1977 dabei ein KHD-Fahrerhaus (bzw. inzwischen IVECO-Magirus-Fahrerhaus) mit einer Kunststoffmotorhaube aufgesetzt. Mit entsprechenden Klimaanlagen für Tieftemperaturgebiete oder für die Tropen lassen sich diese Modelle ausstatten.

Die Motoren stammten traditionsgemäß von Klöckner-Humboldt-Deutz. Für die überschweren Modelle wurden MTU-Motoren verwendet. In Exportmaschinen gelangten auch Daimler-Benz-, Cummins- und GM-Motoren.

Im Jahre 1987 wurde das FAUN-Programm überarbeitet und gestrafft. Unter der Bezeichnung „Herkules" erscheint ein Hauben- oder Frontlenkerfahrzeug für 230 Tonnen Zuglast. In Haubenbauweise folgen die Modelle „Koloss" mit 480 oder 525 PS, „Goliath" mit 525 und „Gigant" mit 811 PS. Abgesehen vom „Goliath", der einen Sechzehnzylinder-Motor von General Motors im Zweitaktverfahren erhält, verfügen die anderen Typen über Zehn- oder Zwölfzylinder-KHD-Motoren mit und ohne Turbolader und Ladeluftkühlung.

Verstärkte Schaltgetriebe, auch in Verbindung mit Wandlerschaltkupplungen, gewährleisten, daß bei schweren Einsätzen schnell und sicher geschaltet werden kann. Hydrodynamische Drehmomentwandler und Lastschaltgetriebe sorgen für eine hohe Kraft beim Anfahren und beim kraftschlüssigen Gangwechsel.

Niederdruck-Großreifen für den Einsatz im Gelände und Großraumfahrerhäuser können wahlweise geliefert werden.

Der überaus größte Teil der FAUN-Erzeugnisse geht in den Export; im Inland gelangen einige Fahrzeuge an Schwertransportunternehmen und vereinzelt an die Deutsche Bundesbahn.

1985 ging die Kapitalmehrheit der 1984 in eine Aktiengesellschaft (erneut) umgewandelten Firma an die zur Hoesch-Gruppe gehörende Orenstein & Koppel AG in Berlin über. Die Zentralverwaltung befindet sich in Lauf a.d. Pegnitz. Werke in Neunkirchen am Sand, Butzbach, Osterholz (Teil des ehemaligen Borgward-Werkes), Kissing und Batavia/USA produzieren die verschiedenen Erzeugnisse des schon seit langer Zeit größten europäischen Herstellers von Sonder- und Spezialfahrzeugen. Ein Testgelände für die Radfahrzeuge besitzt das Unternehmen in Röthenbach bei Amberg/ Oberpfalz.

Technische Daten der FAUN-Zugmaschinen

Typ	SP	Z	PS	K	B×H	Hubr.	D	Gew.	Zugl.	Mot.
Z 63	1935	6	90	W	100×130	6123	2000		12	
Z 66	1936	6	110	W	120×170	11650	1500		20	
(Z 566)										
Z 67	1936	6	125	W	110×160	9122	2000	4000	25	
Z 563	1936	6	105	W	100×130	6123	2000	3800	15	
ZR 567	1939	6	150	W	130×170	13538	1600	5900	25	110 PS mit Generator Typ ZRG 567
Z 547	1939	4	75	W	100×160	5024	2200			
Z 587	1939	8	170	W	120×170	15370	1500	7900	30	150 PS mit Generator
LZ	1949	6	150	W	130×170	13538	1800	5800	100	
FZ 60	1950	6	130	L	110×140	7983	2250	6200		
LZ L 8	1951	6	175/180	W	130×170	13538	1800	6300		Allradtyp L 8/475 VA
F 64/30 Z	1955	4	85	L	110×140	5322	2300	3200		
F 68/38 Z	1955	V8	170	L	110×140	10638	2300	5450		auch Allrad
L 908/425 A	1957	V8	170	L	110×140	10638	2300	9800		Bundeswehr-Typ
Z 12	1961	V12	250	L	110×140	15966	2300	14500	80	
F 64/30 Z	1965	6	126	L	120×140	9500	2300	3200		
F 610/36 Z	1965	V10	250	L	120×140	15833	2300	8100		auch Allrad
F 667/345	1965	6	150	L	120×140	9500	2300			
F 610 Z	1967	V10	250	L	115×140	14550	2300	7300	70/80	
F 668 Z	1967	6	156	L	115×140	8750	2300	6200	30/40	
F 604	1967	V10	250	L	115×140	14550	2300	10300	80	
F 60/12/40 ZA	1967	V12	300	L	115×140	17500	2300	8600	90	
F 64/6/30 Z	1967	6	126	L	115×140	7412	2500	4500	25	
L 1212/45 ZA	1967	V12	300	L	115×140	17500	2300	13400	100	
F 668/36 Z	1969	V8	230	L	120×140	12667	2300	7000	50	
F 1206 W/45 Z	1969	6	450	W	165×155	19860	2200	14500	160	MTU, Turbo
L 1212/45 ZA	1971	V12	340	L	120×140	19000	2300	13400	100	Turbo
F 60/12/40 ZA	1972	V12	314	L	120×125	16960	2650	9200	90	
F 610/36 Z	1972	V10	262	L	120×125	14130	2650	7900	60	

Technische Daten der FAUN-Zugmaschinen (Fortsetzung)

Typ	SP	Z	PS	K	B×H	Hubr.	D	Gew.	Zugl.	Mot.
L 1212/ 45 ZA	1972	V 12	390	L	120×125	16960	2500	15300	100	Turbo
L 1206 WP/45	1972	6	390	W	165×155	19860	2300	18500	100	MTU
HZ 36.45/ 45 WP	1975	6	455	W	165×155	19860	2350	18500	100	MTU, Turbo
F 610/36 Z	1975	10	275	L	120×125	18200	2500	9000	60	
HZ 36.6. 40/45	1975	V 12	420/ 450	L	120×125	16960	2500	13900	100/ 150	
F 54.80/ 48 WP	1975	V8	780	W	165×155	26500	2200	42000	378	MTU, diesel-hydraulisch
HZ 19.25/ 36	1975	V 10	275	L	120×130	14702	2650	7900	80	
HZ 32.25/ 40	1976	V 10	275	L	120×130	14702	2650	9900	80/ 100	KHD
HZ 34.30/ 41	1976	V 12	326	L	120×125	16965	2650	10300	80/ 120	KHD
HZ 34.35/ 41	1976	V 12	365	L	125×130	19144	2650	10500	100/ 132	KHD
HZ 50.40/ 45 W	1976	V 12	425	L	120×125	16965	2500	15000	250	KHD, Turbo
HZ 46.40/ 49	1976	V 12	425	L	120×125	16965	2500	14700	150	KHD, auch GM, Cummins
FS 42.75/ 42 W	1976	V8	710	W	165×155	26500	2200	22000	300	MTU, auch KHD
F 60.12.40 ZA	1977	V 12	314	L	120×125	16900	2650	9200	90	KHD
HZ 19.20/ 36	1977	V8	217	L	120×125	11310	2650	6800	80	KHD
HZ 40.45/ 45 W	1979	V 12	455	L	125×130	19134	2300	14000	220	KHD, auch DB
HZ 50.45/ 50	1979	V 12	455	L	125×130	19134	2300	15500	280	KHD, auch DB
HZ 50.60/ 50	1979	V 12	525	L	125×130	19134	2300	16800	300	KHD, auch 600 PS Cummins
HZ 22.25/ 34	1980	V8	250	L	125×130	12760	2500		38	KHD
HZ 36.40/ 45	1980	V 12	364	L	125×130	19134	2500	11100	180	KHD, auch DB 400 PS
HZ 50.40/ 50 W	1980	V6	530	W	165×155	19900	2100		250	MTU, auch KHD
HZ 70.80/ 50 W	1980	V8	1000	W	165×155	26500	2200	23000	400	MTU, auch GM 811 PS
HZ 40.40/ 45	1980	V 12	480	L	125×130	19134	2300	12200	280	KHD, Turbo und Ladeluft

Technische Daten der FAUN-Zugmaschinen (Fortsetzung)

Typ	SP	Z	PS	K	B×H	Hubr.	D	Gew.	Zugl.	Mot.
FZ 40.45/ 45	1982	V 12	480	L	125×130	19134	2300	14000	250	dto. auch DB 530 PS
FZ 50.45/ 50	1982	V 12	480	L	125×130	19134	2300	16500	300	KHD, Turbo und Ladeluft
FZ 50.60/ 50 W	1984	V 12	600	L	125×130	19134	2300	18500	300	dto.
Herkules	1987	V 10	320	L	125×130	15950	2300		230	KHD, auch Cummins auch Allrad-Frontlenker
Koloss	1987	V 12	480	L	125×130	19134	2300		280	KHD, Turbo und Ladeluft
Koloss	1987	V 12	525	L	125×130	19134				dto., gelände-gängig
Goliath	1987	V 12	525	L	125×130	19134			350	KHD, Turbo und Ladeluft
Gigant	1987	V 16	811						400	GM

480-PS-FAUN HZ 40.45/45 (1)

65

Freibahn-Gesellschaft mbH, Seegefeld b. Spandau, 1905–1909

Die Freibahn-Gesellschaft in Seegefeld bei Spandau bestand von 1905 bis 1913 und stellte vier Jahre lang dampfbetriebene Zugmaschinen mit standardisierten Anhängern nach den Ideen von General VON ALTEN her, der wiederum von den französischen Renard-Zügen beeinflußt war. Kapitalgeber der Freibahn-Gesellschaft war der Großindustrielle Arthur KOPPEL, der seinen Mitarbeiter und Ingenieur Ernst WENDELER (1872–1926) mit der Konstruktion der Freibahn-Züge beauftragte.
Zwei einachsige Drehschemel, die mit einer Zahnbogenlenkung ähnlich den modernen Knicklenkern gegeneinander verstellt werden konnten, bildeten das Fahrgestell der Zugmaschine. Der vordere Teil trug zwei stehende Heißdampfmotoren mit Ventilsteuerung sowie den Wasserrohrkessel mit der Ölfeuerung. Über Ketten wurden die vorderen, 1,8 m oder in einer anderen Version 1,6 m hohen und 25 cm breiten Vorderräder in Bewegung gesetzt. Der hintere Wagenteil trug den Tenderaufbau für den Wasser- (1750 Liter) und Teerölvorrat (800 Liter). Eine Geschwindigkeit von 6–8 km/h konnte erreicht werden; die Reichweite betrug etwa 100 km.
An das auch als Vorspannmaschine bezeichnete, über 6 Tonnen schwere Fahrzeug ließen sich vier einachsige Karren mit 1,6 m hohen und 15 cm breiten Rädern anhängen. Jeweils zwei Karren waren mit einem Unterzug miteinander gekoppelt. Die vordere Achse konnte gelenkt werden; der Drehschemel des hinteren Fahrgestells wurde durch einen Bolzen arretiert. Wurde das Zugfahrzeug am Ende der Hänger angekuppelt, so wurde jeweils die andere Achse lenkbar gemacht. Bei einem Eigengewicht von 1,8 Tonnen betrug die Ladekapazität der Karren jeweils 4 bis 5 Tonnen. Aufgrund ihrer Spurtreue und Gelenkigkeit sollten die Freibahn-Züge daher abseits von Kleinbahnlinien günstig im Massentransport eingesetzt werden.
Ein zweiter Zugmaschinentyp erhielt Vierzylinder-Dampfmotoren mit Leistungen von 10, 20 oder 30 PS, die einen Generator antrieben. Auch mit zwei Vierzylinder-Dampfmotoren wurde experimentiert. Mit dem von dem Generator erzeugten Strom wurden vier Elektromotoren an jedem Rad der Zugmaschine in Gang gesetzt. Zur besseren Traktion bestand auch die Möglichkeit, die erste Achse des ersten Wagens elektrisch anzutreiben. Schließlich versuchte die Freibahn-Gesellschaft, im Jahre 1909 Benzinmotoren anstelle der Dampfmaschinen einzusetzen.
Die Fertigung der Zugfahrzeuge erfolgte bei der Berliner Maschinenfabrik, vorm. L. Schwartzkopff in Berlin-Wildau oder bei der Maschinenfabrik „Cyclop", Mehlis und Behrens in Berlin, Pankstr. Die Karren wurden von dem Koppel-Unternehmen hergestellt.

Freibahn-Zugmaschine

Freibahn-Transportzug

Um die praktische Verwendungsmöglichkeit der Freibahn-Züge in der Mechanisierung der Landwirtschaft zu zeigen, richtete Ernst WENDELER den Versuchsbetrieb Wilhelmshof bei Prenzlau ein. Hier konnten die Freibahn-Züge zum Abtransport von Rüben und Kartoffeln zum 8 km entfernten Prenzlau eingesetzt werden. Ein weiteres Unternehmen betrieb Freibahn-Züge zum Ziegeltransport im Berliner Raum.

Ähnlich den → Müller-Zügen beteiligte sich das Unternehmen an Manövern des preußischen Militärs. Gegenüber den vielseitiger und wirtschaftlicher einsetzbaren Lkws hatten die Freibahn-Züge jedoch keine Chance, zumal die Ölfeuerung und der Dampfmotor unter den oft schwierigen Fahrbedingungen versagten und auch zu unwirtschaftlich arbeiteten.

Ernst WENDELER wandte sich nach dem nicht weiter entwicklungsfähigen Freibahn-Projekt dem Bau motorisierter Schlepper zu. Für die Firma Hanomag konstruierte er mit dem Landwirt Boguslaw DOHRN die überaus erfolgreichen WD-Rad- und Raupenschlepper. Gleichzeitig gründete er die Deutsche Kraftpflug-Gesellschaft als Patentinhaberin und Vertriebsorganisation der Hanomag-Landmaschinen.

H. Fuchs, Waggonfabrik AG, Heidelberg
  1. 1925–1929 **H. Fuchs, Waggonfabrik AG,** Heidelberg
  2. 1930–1932 **Fuchs Lastzug- und Schlepper-Bau GmbH,** München

Die 1862 gegründete Waggonfabrik nahm im Jahre 1925 zur Auslastung ihres Werkes während des Rückgangs des Güterwagengeschäftes die Fertigung eines 10-Tonnen-Motorlastzuges nach einer Idee des Aschaffenburger Ingenieurs VON DUSSMANN auf. Die mit nur 3,5 m Länge äußerst gedrungen wirkende Zugmaschine war zunächst mit einem 50/60-PS-Benzolmotor oder mit einem 55-PS-Rohölmotor der Marke Deutz-Oberursel ausgestattet. Ab 1929 kam ein Sechszylinder-Vergasermotor von Maybach zum Einbau.

In der ersten Version besaß die Zugmaschine ein Gewicht von 2,7 Tonnen. Über ein zweistufiges Vierganggetriebe und eine Kettenübertragung konnte das Fahrzeug mit einer Belastung von 5 Tonnen eine Geschwindigkeit von 35 km/h erreichen, so daß der Fuchs-Motorlastzug als Schnellastwagen eingestuft werden konnte. Bei einer Belastung von 8 bis 10 Tonnen sank die Höchstgeschwindigkeit auf 18 km/h.

Ein Klappverdeck oder ein festes Fahrerhaus waren dem zeitlichen Geschmack entsprechend vorhanden. Eine elektrische Beleuchtung, eine Riemenscheibe und eine Seilwinde gehörten zur Grundausstattung. Schließlich konnte das Fahrzeug mit einer Hebezeuganlage ausgerüstet und damit als Kranwagen verwendet werden.

50/60-PS-Fuchs 11 to

Die erste Ausführung war mit in der Größe unterschiedlichen, vollgummi-bereiften Stahlguß-Speichenrädern versehen. Die zweite mit dem May-bach-Motor konnte auch mit einer Luftbereifung versehen werden, die eine Höchstgeschwindigkeit von 48 km/h ermöglichte.

Die Besonderheit des Fuchs-Lastzugsystems bestand darin, daß das Fahrzeug als Zugmaschine für gewöhnliche Anhänger oder als Sattelzug-maschine für standardisierte, 2,8 Tonnen schwere Anhänger eingesetzt werden konnte. Hierbei war besonderer Wert auf ein einfaches Austau-schen der Anhänger für den Pendelverkehr mit sogenannten Wechselwa-gen gelegt worden.

In eine Drehpfanne auf der Hinterachse der Zugmaschine rastete der Kugelkopfträger des Hängers ein. Mit den Kupplungsgelenkstücken wurde der Hänger beweglich gemacht.

Die Aufsattelvorrichtung mit der Drehpfanne war durch eine doppelte Abfederung auf der stabilen Hinterachse und dem Fahrzeugrahmen abge-stützt. Ein ruckfreies Anfahren und Abbremsen sowie eine gute Traktions-fähigkeit bei Steigungen sollte dadurch erzielt werden; das Fahrzeug konnte durch die Gewichtsverlagerung auf die Triebachse leicht gestaltet werden.

Eine weitere, später hinzugekommene Besonderheit des Fahrzeugs war die gelenkte Hinterachse des aufgesattelten Hängers. Bei starker Kurven-fahrt wurde diese Achse durch ein Zugstangensystem vom Aufsattelpunkt aus entgegengesetzt zum Lenkeinschlag des Motorwagens gedreht. Auch eine Ausführung mit zwei luftbereiften, steuerbaren Hinterachsen wurde angeboten.

85/100-PS-Fuchs FM 6/10

Eine Auflaufbremse in der Drehpfanne wirkte auf die Bremstrommeln der Hinterachse der Zugmaschine. Durch eine Kupplung war eine Entbremsung möglich. Ein Hilfsradsatz unter dem Anhänger konnte hochgeklappt oder beim Abkuppeln heruntergelassen werden, um den Wagen zu stützen.

1930 gliederte die Waggonfabrik die Zugmaschinenfertigung aus; in einem Münchener Zweigwerk wurden bis zur Änderung des Fabrikationsprogrammes im Jahre 1932 die Fuchs-Motorlastzüge montiert.

Noch einmal wurden in den Räumen der Fuchs-Waggonfabrik Lastkraftwagen gebaut. Nachdem der amerikanische Schlepperhersteller IHC die stillgelegte Waggonfabrik zu Beginn der 60er Jahre übernommen hatte, entstanden dort von 1962 bis 1965 die IHC-Schnellastwagen.

Technische Daten der Fuchs-Zugmaschinen

Typ	SP	Z	PS	K	B×H	Hubr.	D	Gew.	Zugl.	Mot.
Fuchs 10 to	1925	4	50/ 60		115×160	6700	1000 1150	2700	10	Deutz- Magirus Deutz-Rohöl
		4	40/ 42							
Fuchs 10 to	1925	4	55	W	115×160	6700	1100	3700	10	Deutz-Rohöl
FM 6/10	1929	6	85/ 100	W	94×168	6695	1500/ 2200	4200	10	Maybach

70

**Mitteldeutsche Schlepperwerke, Maschinenfabrik und Eisengießerei
Johann Grebestein KG,** Eschwege, Niederhonerstr. 46 b, 1927–1931

Diese Maschinenfabrik entwickelte über vier Jahre hinweg einen schweren, langgestreckten Diesel-Schlepper für den Straßenzugbetrieb. Ein Vierzylinder-Viertakt- oder ein Zweizylinder-Zweitakt-Gegenkolbenmotor kam zum Einbau. Neben einer Riemenscheibe wurde auch eine Aufdruckvergrößerung in den Hinterrädern eingebaut. Eine Geschwindigkeit von 15 km/h sollte der Grebestein-Schlepper erreichen. Eine Serienproduktion wurde nicht aufgenommen.

Technische Daten der Grebestein-Zugmaschinen

Typ	SP	Z	PS	K	B×H	Hubr.	D	Gew.	Zugl.	Mot.
Grebe-stein	1927	4	30/33	W	135×200	11445	800	3150	2,8	Deutz
Grebe-stein	1930	2	24	W	65×90/120		1200			Junkers

24-PS-Grebestein

Gebr. Hagedorn u. Co. Landmaschinenfabrik GmbH, Warendorf/Westf., Münsterweg 18, 1938

Das seit 1902 bestehende Landmaschinenunternehmen fertigte seit 1931 einfachste Ackerschlepper auf Plattformrahmen. 1938 kamen auf der Basis dieser Fahrzeuge auch leichte Zugmaschinen hinzu. Die Modelle P 11, P 14, P 16 und P 20 wurden von Einzylindermotoren der Marken Deutz und Junkers angetrieben. Die für den städtischen Straßenzugdienst gedachten Fahrzeuge scheinen jedoch nur in äußerst geringer Stückzahl gebaut worden zu sein. Im Schell-Programm wurden die Hagedorn-Zugmaschinen nicht mehr berücksichtigt.

Technische Daten der Hagedorn-Zugmaschinen

Typ	SP	Z	PS	K	B×H	Hubr.	D	Gew.	Zugl.	Mot.
P 11	1938	1	11	V	100×140	1099	1100		5	Deutz
P 14	1938	1	14	V	65×90/120	696	1500		6	Junkers
P 16	1938	1	16	V	120×160	1808	1350		7	Deutz
P 20	1938	1	20	V	150×200	3532	900		9/10	Deutz

Hannoversche Maschinenbau AG (Hanomag), vorm. Georg Egestorff, Hannover-Linden, Hanomagstr. 8
1. 1926–1955 **Hannoversche Maschinenbau AG (Hanomag), vorm. Georg Egestorff,** Hannover-Linden, Hanomagstr. 8
2. 1955–1958 **Hannoversche Maschinenbau AG (Hanomag)**
3. 1958–1968 **Rheinstahl AG Hanomag Baumaschinen**

Die Metall-, Gußwaren- und Maschinenfabrik Georg EGESTORFF (1802–1868), gegründet im Jahre 1835, entwickelte sich in den folgenden Jahrzehnten zu einer der größten Maschinen- und Fahrzeugfabriken Deutschlands. Um 1840 nahm Hanomag, wie das spätere Telegraphenkürzel die Firma bezeichnete, die Fertigung von Lokomotiven und Eisenbahnmaterial, im Jahre 1905 die Fertigung von Dampflastwagen, 1912 die Fertigung von Tragpflügen, später Raupenschleppern und Traktoren und

26-PS-Hanomag WD 28

55-PS-Hanomag SS 55 N

38-PS-Hanomag R 38

40-PS-Hanomag R 40

45-PS-Hanomag R 38

100-PS-Hanomag Gigant

1925 die Fertigung von Personen- und Lastkraftwagen auf. Auch Panzerfahrzeuge verließen das Hanomag-Werk in den vierziger Jahren.

Als erste Zugmaschine der Hanomag kann der für den Straßenbetrieb umgerüstete Ackerschlepper R 26 von 1925 angesehen werden, der auf seinen Elastikrädern 15 km/h erreichte.

Im Jahre 1927 stellte Hanomag den Ackerschlepper R 28/32 als Zugschlepper vom Typ R 28 mit Elastikbereifung und hinteren Zwillingsrädern her. Ein Vierzylinder-Benzolmotor sorgte für den Antrieb.

1932 folgte die Zugmaschine SS 55 N, auch „Hanomag Diesel-Schnelltransporter" genannt, die speziell auf einem verkürzten Fahrgestell mit einem Fahrerhaus für den Ferntransport mit Anhängerbetrieb konstruiert war.

Der mittelschwere Schlepper war mit einem 55-PS-Motor ausgestattet, der kurzfristig auch 60 PS erbringen konnte. An dem gepreßten Stahlprofilrahmen waren in großen Gummiblöcken Halbelliptikfedern für die Achsen angebracht. Hydraulische Innenbackenbremsen, ein dreisitziges Fahrerhaus, ein Ballastkasten und ein 350-Liter-Tank für eine Reichweite von 1000 Kilometern waren weitere Ausstattungsdetails. Die Zugkraft betrug 10 bis 12 Tonnen, die Höchstgeschwindigkeit lag bei 40 km/h.

Als kleine Zugmaschine erschien 1936 der SS 20 mit dem Kleindieselmotor des Hanomag-Pkws „Rekord". Der Vierzylindermotor leistete 20/22 PS. Das personenwagenähnliche Fahrzeug besaß ein geschlossenes Fahrerhaus und hintere Einfachbereifung. Die vordere Schwingachse war mit Querblattfedern am U-Profilrahmen, die Hinterachse mit längsliegenden Halbelliptik- und Zusatzfedern abgestützt.

Bei einer Geschwindigkeit von 20 km/h konnten 7,5 Tonnen, bei 11 km/h 12 Tonnen Last gezogen werden. Die Höchstgeschwindigkeit betrug bei Leerfahrt 30 km/h. Eine Differentialsperre war vorhanden. Auf Wunsch konnten Riemenscheibe, Zapfwelle, Spill oder auch eine größere Kabine für drei bis vier Personen angebracht werden. Bis 1942 und von 1949 bis 1950 wurde dieser Kleinschlepper hergestellt; die Typenbezeichnung lautete nach dem Krieg ST 20.

Berühmteste Hanomag-Zugmaschine war der SS 100 Gigant. Er erschien ebenfalls 1936 und war bis in die fünfziger Jahre die große Standard-Zugmaschine in Deutschland.

Ein Sechszylindermotor, der genauso wie die anderen Hanomag-Dieselmotoren nach dem Vorkammerprinzip arbeitete, gab der Zugmaschine eine Kraft von 100 PS.

Eine Fahrerkabine für drei oder eine Doppelkabine (Wehrmachtsausführung) für sechs bis sieben Personen stand dem Fahrer und der Begleitmannschaft zur Verfügung. Auch mit einer Schlafkabine für den Überland-

100-PS-Hanomag Gigant (Holzgas)

Gigant Doppelkabine

55-PS-Hanomag R 55 ATK (2)

20/22-PS-Hanomag SS 20

SS 20 (2. Ausf.) (2)

45-PS-Hanomag R 45 C

verkehr konnte das Fahrzeug ausgestattet werden. Rohrsitze mit Schlaraffia-Polsterung dienten der Bequemlichkeit.

Eine Seilwinde für 3,5 Tonnen Zugkraft und einer Seillänge von 80 m konnte angebaut werden. Im Fahrzeugheck befanden sich der 250-Liter-Tank und als Sonderausstattung eine blechbeschlagene Werkzeugkiste.

Die Fahrzeuge der ersten beiden Baujahre besaßen seitliche Lüftungsschlitze. Ab 1938 wurde wahlweise ein Klappensystem zur besseren Belüftung eingebaut. Gleichzeitig wurde die Vorderachse weiter nach vorne gesetzt. Die zunächst senkrecht abfallende Haube erhielt ebenfalls eine Korrektur. Ein pfeilförmig nach vorne vorspringender Kühlergrill mit dem oben angebrachten Schriftzug „Hanomag" gab dem Fahrzeug ein neues Aussehen.

Eine vordere Faustachse und eine hintere Starrachse an Halbelliptik- und Zusatzfedern mit Stoßdämpfern stützten den Fahrgestellrahmen ab. Eine druckluftgesteuerte Öldruckbremsanlage war vorhanden. Die Höchstgeschwindigkeit der ebenfalls als „Diesel-Schnelltransporter" bezeichneten Zugmaschine betrug 45 km/h. Während der Kriegszeit rüstete Hanomag die zivil eingesetzten Zugmaschinen auch mit einer Imbert-Holzgasanlage aus. 75 PS leistete die Generator-Maschine.

Nach dem Krieg wurde der „Gigant" als Typ ST 100 von 1946 bis 1952 weitergebaut. 5079 Vor- und 1112 Nachkriegsfahrzeuge wurden hergestellt.

Neben diesen Lkw-ähnlichen Zugmaschinen standen auch von den Traktorenmodellen abgeleitete Fahrzeuge zur Verfügung.

Nach dem erwähnten R 28 folgte 1936 der R 38 mit einem 38-PS-Motor. Auch ein mittelschweres 45-PS-Modell als R 45 wurde Mitte der dreißiger Jahre angeboten. Geschwindigkeiten von 25 km/h erzielte dieser mit Super-Elastikreifen ausgerüstete Schlepper.

Beide Modelle wurden 1940 durch den Schlepperhaupttyp R 40 abgelöst. Alle drei Typen waren mit vorderen Portalachsen mit Blattfederabstützung, Differentialsperre, Blechverkleidung und auf Wunsch mit einem doppelsitzigen Fahrerhaus und einer Druckluftanlage ausgestattet. Ebenfalls konnten Riemenscheibe, Zapfwelle, Seilwinde und ein elektrischer Anlasser eingebaut werden. Ab 1941 wurde der R 40 mit einer Einheits-Holzgasanlage versehen.

Anfang der fünfziger Jahre löste die Straßenzugmaschine R 35 S mit wiederum einem 35-PS-Motor die Vorkriegsmodelle ab. Das in Halbrahmenbauweise ausgeführte Fahrzeug besaß ein geschlossenes Fahrerhaus, eine Seilwinde und eine Zapfwelle.

In offener und geschlossener Bauweise konstruiert war die Straßenzugmaschine R 460 S. die in Blockbauart ausgeführt war. Der Vierzylindermotor

60-PS-Hanomag-Enser

70-PS-Hanomag-Enser AL 28 A

leistete 58 PS. Eine Geschwindigkeit von 27 km/h konnte dieser Typ erreichen, der besonders bei Schaustellern, in der Forstwirtschaft, im Werksverkehr und bei Depots der Bundeswehr eingesetzt wurde bzw. noch heute anzutreffen ist.

Schließlich ist noch zu erwähnen, daß der Hanomag-Großhändler Enser in Fürth Hanomag-Schnellastwagen vom Typ Kurier sowie den geländegängigen AL 28 A verkürzte und mit einem Spezialgetriebe und einer geänderten Hinterachse als „Enser Zugmaschinen" für den Lastentransport umbaute. Die Ladepritsche konnte ein Ballastgewicht von 1 Tonne aufnehmen. Der AL 28 A erhielt eine Doppelkabine.

In der Mitte der sechziger Jahre ließ Hanomag die Straßenzugmaschinenproduktion auslaufen. Enser wandte sich nach dem Ende der Hanomag-Schnellastwagen-Fertigung dem Umbau von Fiat-Lastwagen zu.

Technische Daten der Hanomag-Zugmaschinen

Typ	SP	Z	PS	K	B×H	Hubr.	D	Gew.	Zugl.	Mot.
R 26	1925	4	26	W	95×150	4250	1100	3500		
R 27/28	1927	4	28	W	95×150	4250	1100	3500		
SS 55 N	1932	4	55	W	105×150	5195	1500	3890	12/16	
R 45	1935	4	45	W	105×150	5195	1500	3500	30	
R 38	1936	4	38	Th/W	105×150	5195	1100	3800/4100	30	auch 45 PS
SS 20	1936	4	20/22	W	80×95	1900	2000	1575	12	offener Typ RL 2 DN Nachkriegstyp ST 20
SS 100 Gigant	1936	6	100	W	110×150	8553	1500	6435	22	Nachkriegstyp ST 100
R 40	1940	4	40	W	105×150	5195	1200			
SS 100 Gigant	1941	6	75	W	110×150	8553	1500		20	Generator
R 45 C	1948	4	50	W	110×150	5702	1300	3750	30	
R 55 ATK	1954	4	55	W	110×150	5702	1300	4419		
R 35 S	1956	4	35	W	90×110	2799	1900	2300		ab 1957 R 435 S
R 460 S	1960	4	58	W	110×150	5702	1300	3360		
Enser Zugm.	1958	4	50	W	90×110	2799	2800			
Enser	1964	4	60	W	90×110	2799	3000	3500	14	
Enser	1965	4	80	W	100×110	3142	3000	3100	20	
Enser AL 28 A	1965	4	70	W	90×110	2799	2800	2500	12	

Hannoversche Fahrzeugfabrik Frederik Karl Hoffmann u. Co., Hannover-Laatzen, Adolf-Hitler-Str. 7 (ab 1945 Dorfstr. 7), 1935–1950

Unter dem Markennamen „Hanno" brachte dieses Unternehmen ab 1935 Kleinzugmaschinen mit Deutz- und Junkers-Dieselmotoren heraus. Haupttyp ab 1936 war einige Jahre lang der Hanno 236. Ein Zweizylinder-Junkers-Gegenkolbenmotor brachte das Fahrzeug bei einer Anhängelast von 8 Tonnen auf 38 km/h. Mit einem Spezialgetriebe konnten sogar 15 Tonnen mit 26 km/h befördert werden. Der Motor war zur Verstärkung der Bodenhaftung über der Hinterachse angebracht.
1939 löste der R 33 dieses Modell ab. Ein Zweizylinder-Deutz-Motor trieb über ein vierstufiges Getriebe das Fahrzeug mit hinterer Zwillingsbereifung an. Eine Seilwinde mit 100 m Seillänge und ein Ballastkasten waren vorhanden. Drei Personen konnten in dem zweitürigen Fahrerhaus Platz nehmen. Gleichzeitig löste der R 22 mit vorn liegendem Motor die kleineren Modelle als mittlere Zugmaschine im Güternahverkehr ab.

12,5/14-PS-Hanno R 136

25/28-PS-Hanno S 236

Hanno R 236 (2. Ausf.)

Hanno R 33 mit Generator

30/33-PS-Hanno R 33

1940 mußte die Montage dieses Typs eingestellt werden; das Unternehmen erhielt die Auflage, den → Primus-Typ P 20 anstelle des R 22 zu vertreiben. Der Typ R 33 durfte dagegen weitergebaut werden.

Nach dem Krieg erschienen ab 1948 wieder Kleinzugmaschinen unter der Bezeichnung „Hoffmann". Der nur in ganz wenigen Exemplaren gebaute Typ 500 erhielt einen Einzylindermotor von Deutz. In größerer Stückzahl wurde ab Ende 1948 der „Hoffmann 501" mit dem Deutz-Zweizylindermotor gefertigt. Nach bewährter Bauweise war der Antriebsblock wieder an bzw. auf der Hinterachse angebracht. Die Lenkung befand sich in der Mitte des Fahrzeugs. Eine technische Besonderheit des einzelradgefederten Straßenschleppers war die Drehstabfederung nach dem System Krohse. Die Pendelhalbachsen waren mit Hilfe der Drehstabfederung direkt am Antriebsblock abgestützt, um Verwindungskräfte am geschweißten Rohrrahmenfahrgestell zu vermeiden. Eine weitere Besonderheit war die Möglichkeit, den Motor-Getriebeblock für Reparaturarbeiten nach hinten an Führungsschienen herausziehen zu können.

Eine Last von 12 Tonnen konnte bei 20 km/h gezogen werden.

1950 gab HOFFMANN die Kleinzugmaschinenfertigung auf. Etwa 600 Vorkriegs- und 50 Nachkriegsfahrzeuge waren hergestellt worden.

Technische Daten der Hanno-Zugmaschinen

Typ	SP	Z	PS	K	B×H	Hubr.	D	Gew.	Zugl.	Mot.
Hanno R 35	1935	1	7/9	V					6,5	ab 1938 10 PS
Hanno R 136	1935	1	12,5/14	V	65×90/120	696	1500	1410	10	Junkers
Hanno R 236	1936	2	25/28	W	65×90/120	1392	1300		8/15	Junkers
Hanno R 22	1938	2	22	W	100×130	2041	1500	2400	11,5	Deutz
Hanno R 33	1939	2	30/33	W	120×170	3840	1350	3250	20	Deutz
Hoffmann 500	1948	1	11	V	100×140	1099	1600		6,5	Deutz
Hoffmann 501	1948	2	22	W	100×140	2198	1500	1800	12	Deutz

22-PS-Hoffmann 501

Hannoversche Waggonfabrik AG, Hannover-Linden, 1918–1931

Das Waggonbauunternehmen hatte für die kaiserliche Heeresverwaltung eine Zugmaschine entwickelt, die jedoch erst nach dem Krieg in größeren Stückzahlen ausgeliefert werden konnte. Der eindrucksvoll bezeichnete „Kraftfeldzug" wurde von einem 28-PS-Vierzylindermotor der Motorenfabrik Oberursel angetrieben. Auf den Elastikrädern konnte das Fahrzeug eine Geschwindigkeit von 11 km/h erreichen.
Zu Anfang der dreißiger Jahre verlegte sich das Unternehmen wieder ganz auf den Waggon- und Straßenbahnwagenbau.

Technische Daten der Hawa-Zugmaschinen

Typ	SP	Z	PS	K	B×H	Hubr.	D	Gew.	Zugl.	Mot.
Kraftfeld-zug	1918	4	28	W	115×150	6230	800	1800		Oberursel

87

28-PS-Hawa Kraftfeldzug

Hansa-Lloyd-Werke AG, Bremen-Hastedt und Bremen-Sebaldsbrück
1. 1922–1931 **Hansa-Lloyd-Werke AG,** Bremen-Hastedt u. Bremen-Sebaldsbrück
2. 1931–1932 **Hansa-Lloyd- und Goliath-Werke, Borgward u. Tecklenborg oHG,** Bremen 11, Föhrenstr. 81/83

Die Hansa-Lloyd-Werke beteiligten sich neben den → Elite-Werken als führender Hersteller im Elektrofahrzeugbereich und konnten dabei auf die Erfahrungen des 1906 erworbenen Ursprungsbetriebes Norddeutsche Automobil- u. Motoren-Fabrik (NAMAG) zurückblicken, die vornehmlich Elektrofahrzeuge, darunter auch Zugmaschinen, gefertigt hatte und 1914 in den Hansa-Lloyd-Werken aufgegangen war. Neben Lastwagen, Omnibussen und Kommunalfahrzeugen stellte das Unternehmen in der Mitte der zwanziger Jahre Elektro-Schlepper her.
Der Typ DL 5, für eine Zugleistung von 5 bis 10 Tonnen konstruiert, erreichte mit der Leistung von 10 kW eines Hauptstrommotors eine Geschwindigkeit von 12 km/h und eine Reichweite von 60 km. Der HL-Schlepper von 1930 zog mit einem 22-kW-Motor eine Last von 10 Tonnen. Das Fahrzeug besaß einen abgefederten Rahmen, Rollenketten- und Ke-

88

Hansa-Lloyd-Zugmaschine

gelradantrieb sowie eine Achsschenkellenkung. Die am Rahmen angebrachte Batterie hatte eine Spannung von 160 Volt.
Schließlich kam noch das Modell CL 5 mit zwei Hauptstrommotoren von 2
× 15 kW hinzu. Die Batterie war wiederum in einem Holztrog unter dem
Rahmen angebracht.
Der Elektro-Schlepperbau wurde zu Beginn der dreißiger Jahre aufgege-
ben; Elektro-Lastwagen wurden dagegen bis ins Jahr 1960 gefertigt.

Technische Daten der Hansa-Lloyd-Zugmaschinen

Typ	SP	Z	kW	K	B×H	Hubr.	D	Gew.	Zugl.	Mot.
DL 5	1925		10						5/10	
HL-	1930		22					4200	10	
Schlepper										
CL 5			2×15							

Hazet, 1916–1918

Dieses unbekannt gebliebene Unternehmen stellte während des Ersten Weltkrieges eine Artilleriezugmaschine mit einem 80-PS-Kämper-Motor her.

Technische Daten der Hazet-Zugmaschinen

Typ	SP	Z	PS	K	B×H	Hubr.	D	Gew.	Zugl.	Mot.
Hazet	1916	4	80	W	155×200	15087	700			Kämper

Hanseatische Motoren-Gesellschaft mbH, Bergedorf b. Hamburg, Weidenbaumsweg 139, 1923–1928

Die 1916 gegründete Maschinenfabrik, die hauptsächlich Schiffsmotoren und Maschinen für die Schiffahrt herstellte, entwickelte Anfang der zwanziger Jahre einen Glühkopfschlepper mit einem 24/28-oder 34-PS-Zweizylindermotor. Die Vorderachse des „HMG-Elefant" war in einfacher Lenkschemelbauweise ausgeführt. Gegenüber dem in der Landwirtschaft eingesetzten „Eisen-Elefanten" wurden die überdachten Zugmaschinen aufgrund ihrer Elastikbereifung als „Gummi-Elefanten" bezeichnet.

HMG Elefant (W)

Nach dem Exkurs in den Schlepperbau verlegte sich das heute noch existierende Unternehmen bis in die siebziger Jahre wieder ganz auf den Schiffsmotorenbau.

Technische Daten der HMG-Zugmaschinen

Typ	SP	Z	PS	K	B×H	Hubr.	D	Gew.	Zugl.	Mot.
Elefant	1923	2	24/ 28	W	175×225	10818	500	3300		
Elefant	1923	2	34	W	175×210	10097	600	3300		

Henschel u. Sohn AG, Kassel-Mittelfeld, Henschelstr. 2, 1933–1936

Die Lokomotiv- und Lastwagenfabrik Henschel u. Sohn bot in der Mitte der dreißiger Jahre Zugmaschinen auf verkürzten Lkw-Fahrgestellen an. Zwei- und dreiachsige Typen mit 65, 120 und 125 PS wurden hergestellt. Für die Reichsbahn fertigte Henschel in Einzelexemplaren 1933 und 1935 Zugmaschinen für den Schwerguttransport mit Culemeyer-Straßenrollern. Der erste Typ war mit einem Vergasermotor von 100 PS sowie mit Vollgummibereifung, der zweite Typ mit einem Dieselmotor von ebenfalls 100 PS aber mit Luftreifen ausgestattet. Beide Hinterachsen wurden jeweils angetrieben.

Technische Daten der Henschel-Zugmaschinen

Typ	SP	Z	PS	K	B×H	Hubr.	D	Gew.	Zugl.	Mot.
Typ D	1933	6	100	W	105×140	7274	2200	10400		Vergaser, Vollgummi
Typ O	1934	4	65	W	100×140	4398	2200			Vergaser
Typ G	1934	6	100	W	110×160	9123	1500	11100		Diesel
Typ D	1935	6	120	W		11700				Diesel
Typ J	1936	6	125	W	125×160	11781	1500			Diesel

Hessische Motorenbau AG, Darmstadt, 1924–1927

Unter der Bezeichnung „Hemag" brachte dieses Unternehmen im Jahre 1924 zwei Zugmaschinentypen mit kompressorlosen Einzylinder-Dieselmotoren heraus.

91

Hemag-Zugmaschine

Auf einem Profileisengestell war beim kleinen Typ ein 12/14-PS-, beim großen Typ ein 20/22-PS-Motor aufgesetzt. Über eine Rollenkette wurden die elastikbereiften Hinterräder angetrieben. Während der kleinere Typ eine Anlaßkurbel besaß, wurde das größere Modell mit einem Druckluftsystem in Betrieb gesetzt. Die plump wirkenden Fahrzeuge besaßen eine Bergstütze sowie ein Regendach für die Sitzbank. Beide Modelle erreichten eine Geschwindigkeit von 8 km/h.

Technische Daten der Hemag-Zugmaschinen

Typ	SP	Z	PS	K	B×H	Hubr.	D	Gew.	Zugl.	Mot.
Hemag	1924	1	12/ 14	V			400	3000		
Hemag	1924	1	20/ 22	V	190×220	6234	350	3000		

Horch-Werke AG, Zwickau i. Sachsen, 1917–1918

Einen schweren Artillerieschlepper vom Typ ZU 80 stellte Horch in 154 Exemplaren her. Die Vorderräder hatten einen Durchmesser von 120 cm, die Hinterräder von 180 cm.

92

IFA Automobilwerke Ludwigsfelde, Ludwigsfelde
1. 1957–1959 **VEB Sachsenring Kraftfahrzeug- und Motorenwerke Zwickau,** Zwickau/S.
2. 1960–1967 **VEB-Sachsenring Automobilwerk Zwickau**
3. 1967–1990 **IFA Automobilwerke Ludwigsfelde,** Ludwigsfelde

1957 erschien der verkürzte Horch-Lkw Z 3 als 14-t-Zugmaschine mit einem 80-PS-Motor. Zwei Jahre später wurde er durch die leicht überarbeitete und nun 90 PS starke Zugmaschine IFA S 4000-1 Z abgelöst. Das Fahrzeug besaß eine 1-t-Ballastpritsche und konnte eine Zuglast von 14,4 Tonnen befördern.
Mit der Zugmaschine IFA W 50 L/Z der neuen Fahrzeuggeneration wurden die Haubenfahrzeuge im Jahre 1967 ersetzt. Die Zuglast des 125 PS starken Schleppers beträgt 25 Tonnen bei einem Eigengewicht von 4,2 Tonnen.

90-PS-IFA S 4000-1 Z

Der Frontlenker W 50 war vom VEB Kraftfahrzeugwerk Ernst Grube in Werdau konstruiert worden; die Fertigung erfolgte in dem neu eingerichteten IFA-Automobilwerk Ludwigsfelde bei Berlin. Darauf hinzuweisen ist noch, daß H 6-Lkws des VEB Kraftfahrzeugwerkes Ernst Grube auch zu Zugmaschinen verkürzt worden sind.

Technische Daten der IFA-Zugmaschinen

Typ	SP	Z	PS	K	B×H	Hubr.	D	Gew.	Zugl.	Mot.
Z 3	1957	4	80	W	115×145	6024	2000		14	
IFA S 4000-1Z	1959	4	90	W	115×145	6024	2200	3900	14,4	
W 50 L/Z	1967	4	125	W	120×145	6556	2300	4220	16	

Kaelble Zugmaschine 1911

Carl Kaelble GmbH, Motoren- und Maschinenfabrik, Backnang,
Wilhelmstraße, ab 1986 Maubacher Str. 100

1. 1908   **Gottfried Kaelble, Maschinenfabrik,** Backnang,
                 Wilhelmstraße
2. 1916–1918 **Carl Kaelble oHG, Motoren- und Maschinenfabrik**
3. 1925–1976 **Carl Kaelble oHG, ab 1931 GmbH, Motoren- und**
                 Maschinenfabrik,
4. 1976–1986 **Carl Kaelble GmbH (Kaelble-Gmeinder GmbH)**

Im schwäbischen Bad Cannstadt gründete Gottfried KAELBLE im Jahre
1884 eine mechanische Werkstatt, in der er Maschinen aller Art reparierte
und verbesserte. 1895 wurde der kleine Betrieb in die Gerberstadt Backnang verlegt. Dort wurden Antriebe für Gerbereimaschinen und ab 1898
fahrbare Maschinen wie Steinbrecher, Bandsägen, motorisierte Straßenwalzen und entsprechendes Zubehör gefertigt. Ab 1903 wurden die Fahrzeuge mit eigenen Benzinmotoren ausgerüstet. Einen ersten Lastkraftwagen konstruierten die Söhne des Firmengründers, Carl (1877–1957) und
Hermann (1883–1953) im Jahre 1907; gleichzeitig stellten sie ihren ersten
Dieselmotor nach Patenten von F. W. HASELWANDER her. Ein Jahr später
ging das Unternehmen auf die Söhne über.

Im Jahre 1916 fertigte der Betrieb eine offene Zugmaschine mit einem 100-
PS-Motor für das Militär. Der stabile Rahmen eines Steinbrecherfahrzeugs
diente als Grundlage. Gegen Kriegsende folgten verschiedene Lokomobile
mit Benzinmotoren. Anschließend arbeitete man bis 1923 an verschiedenen Zugmaschinen-Versuchsmodellen.

Den serienmäßigen Fahrzeugbau griff das Unternehmen im Jahre 1925 mit
der Vorstellung der ersten Dieselzugmaschine der Welt auf. Ein eigener,
kompressorloser 16/18-PS-Motor trieb das Modell Z 1 Suevia an, das für
die Landwirtschaft und für den Straßenzug geeignet war.

Der einzylindrige Kaelble-Motor wurde anschließend zu zwei-, drei- vier-
und sechszylindrigen Versionen weiterentwickelt. Merkmale dieser Dieselmotoren nach dem Vorkammerprinzip waren bis zur Einstellung des Moto-
renbaus in der Mitte der siebziger Jahre die niedrige Drehzahl, das hohe
Drehmoment und die dadurch resultierende lange Lebensdauer. Die Ventile waren stets in hängender Bauweise ausgeführt. Fahrzeuge mit mehrzy-
lindrigen Motoren entstanden in den folgenden Jahren. Gleichzeitig wurden diese Maschinen in die Kleinlokomotiven der um 1930 erworbenen

95

Kaelble Heereszugmaschine

Kaelble Heereszugmaschine

16-PS-Kaelble Z 1

72-PS-Kaelble Express Z 4

30/36-PS-Kaelble Z 2 S

100-PS-Kaelble Z6GN 110

Kaelble Z4G 110 (2. Ausf.)

135-PS-Kaelble Z6GN 125

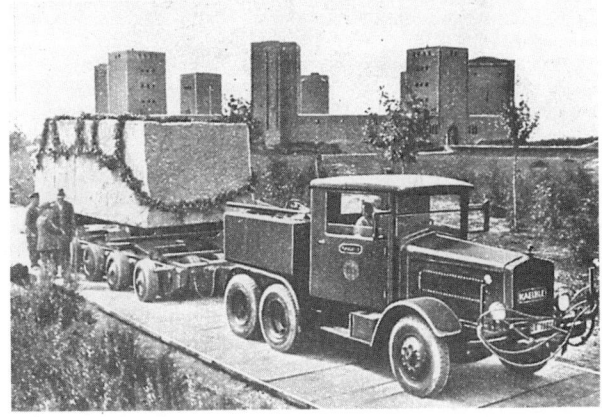

100-PS-Kaelble Z6GN 110

Firma Gmeinder u. Co. in Mosbach eingebaut. Konstrukteur der Kaelble-Motoren war in den dreißiger und vierziger Jahren Paul STROHÄCKER, der später auch die Motoren der Allgaier-Schlepper entwickelte.

Der 1932 vorgestellte Ferntransport-Schlepper Express Z 4 war mit Schwingachsen, Luftreifen und einem geschlossenen Fahrerhaus ausgestattet. Der Motor ließ sich mit einer Druckluftanlage oder mit einem elektrischen Starter in Gang setzen. Riemenscheibe und Seilwinde waren vorhanden.

Die Express-Zugmaschinen wurden gut an das Speditionsgewerbe, an Kohlenhändler und Bauunternehmer verkauft. Auch im Haus-zu-Haus-Verkehr der Deutschen Reichsbahn wurden verschiedene Fahrzeuge der Modellreihe Z 4 GR eingesetzt.

1935 wurden die ersten sechszylindrigen Fahrzeuge der Baureihen Z 6 GN 110 und Z 6 GN 125 vorgestellt. Sie entwickelten sich zu schweren zwei- und dreiachsigen Standard-Zugmaschinen der Reichsbahn für Culemeyer-Transporte. Mit diesen Modellen wurde eine Geschäftsverbindung zur Reichsbahn geschaffen, die in der Bundesbahnzeit bis zur Einstellung des Kaelble-Zugmaschinenbaus im Jahre 1986 anhielt.

Die ersten dreiachsigen Sechszylinder-Zugmaschinen waren noch vollgummibereift. Hintere, voneinander getrennte Zwillingsräder in Doppelachsen sorgten für die Adhäsion.

Die später unter dem Namen „Reichsbahntyp" hergestellten Diesel-Spezialzugmaschinen für schwerste Lasten waren mit Luftreifen ausgestattet; beide Hinterachsen wurden wiederum angetrieben. Auf einem gepreßten

100

100-PS-Kaelble Z6R2A

und geschweißten Stahlprofilrahmen waren die Fahrzeuge aufgebaut. Ein- oder zweireihige Fahrerhäuser, auch in offener Form (Cabrio-Ausführung) wurden aufgesetzt. Eine 2 m lange Lade- und Ballastpritsche befand sich über den Hinterachsen. Mit einer am Heck angebrachten Seilwinde konnten 22 bzw. 24 Tonnen herangezogen werden. Die Höchstgeschwindigkeit der Fahrzeuge lag bei 45 und 50 km/h. Bei angehängter Last sank jedoch die Geschwindigkeit auf etwa 20 km/h.

In der zeitgenössischen Literatur wurden über die Sechszylinder-Zugmaschinen mit dem Culemeyer-Anhänger auch als „fahrbares Anschlußgleis" bezeichnet. Güterwagen und Dieselmotorschiffe wurden damit über Land, die Olympia-Glocke von der Gießerei zum Berliner Olympia-Stadion, schwere Schnellzuglokomotiven zur Verschiffung an die Küste oder ein 88 Tonnen wiegender Findling zum Hindenburg-Denkmal nach Tannenberg/Ostpreußen transportiert.

Ein weiterer Schritt zu außergewöhnlichen Fahrzeugen war die Vorstellung der größten Dieselzugmaschine der Welt im Jahre 1937. Das als Typ Z 6 R 3 A bezeichnete dreiachsige, kompakte Fahrzeug war in Frontlenkerbauart mit einem 180/200-PS-Sechszylinder-Mittelmotor ausgeführt. Bei 1200 Umdrehungen pro Minute erreichte der großvolumige Motor sein größtes Drehmoment und gab damit dem Fahrzeug eine enorme Anzugskraft. Zwischen der ersten und der zweiten Achse befand sich der Motor auf dem Preßrahmenfahrgestell. Die Kühlanlage war an der Rückfront des Motors angebracht. Eine Seilwinde befand sich am Fahrzeugheck. Alle Achsen wurden angetrieben; die erste und die letzte Achse ließen sich lenken. Da-

180/200-PS-Kaelble Z6R3A

135-PS-Kaelble Z6GN 125

157-PS-Kaelble K 631 Z (1)

157-PS-Kaelble K 631 ZRF (1)

bei unterstützte eine preßluftgesteuerte Knorr-Servolenkung den Fahrer. Die Zugmaschine wog 14,5 Tonnen; hinzu kam ein Ballastgewicht von 6,5 Tonnen. Eine Zuglast von 200 Tonnen konnte angehängt werden. Die Geschwindigkeit bei angehängter Last sank allerdings auf etwa 20 km/h. Lediglich ein Exemplar dieses auch unter dem Namen „Kaelble-Jumbo" bekannten Fahrzeugtyps wurde gefertigt. Während des Krieges zerstörte ein Luftangriff diese Reichsbahn-Zugmaschine.

Bis in das Jahr 1944 fertigte Kaelble neben Exportaufträgen und zivilen Ausführungen Reichsbahn- und Wehrmachtszugmaschinen der Sechszylinder-Versionen. Der Mangelsituation entsprechend wurde auf einige Ausstattungsdetails verzichtet, so daß die Kriegsfahrzeuge auch als Sparversionen bezeichnet wurden.

Neben diesen Zugmaschinen stellte Kaelble während des Krieges Stationärmotoren, Motoren für Sturmboote, Planierraupen und Schürfkübel her. Den Krieg selbst überstand das Unternehmen ohne Beschädigung. Dafür wurden aber Teilbereiche des Werkes von den US-Streitkräften als Reparaturwerk beschlagnahmt, so daß Kaelble in der Nachkriegszeit zunächst in seiner Fertigungskapazität erheblich eingeschränkt war.

Einen neuen Start unternahm Kaelble im Jahre 1948. Die Vier- und Sechszylindertypen K 410 und K 625 Z sowie K 630 Z, die weitgehend den Vorkriegstypen entsprachen, waren die ersten Modelle. In dieser Zeit weitete das Unternehmen das Fertigungsprogramm auch auf schwerste Lastkraftwagen aus und stieß damit in eine Lücke, die von den anderen Fahrzeugherstellern offengelassen worden war.

An die schwere Frontlenkerzugmaschine des Jahres 1938 knüpfte der 1953 vorgestellte Typ KDV 832 Z (SF) an. Der Aufbau mit einer Zusatzpritsche wurde von der Firma Franz Tapper in Ratingen geliefert. Ein Achtzylindermotor in V-Bauart mit 200 PS Leistung trieb die Zugmaschine an.

Die 95 PS starke Zugmaschine K 415 Z aus der Mitte der fünfziger Jahre entwickelte sich zu einem äußerst beliebten Typ für das Speditions- und Schaustellergewerbe. Ein ein- oder zweireihiges Fahrerhaus sowie eine Pritsche für eine Last bis zu 3,2 Tonnen waren bei dem 50 km/h schnellen Fahrzeug vorhanden, das bis zum Ende der fünfziger Jahre in dem inzwischen 2500 Beschäftigte umfassenden Betrieb gebaut wurde.

Als Zwischentyp erschien 1958 die Sechszylinder-Zugmaschine K 645 Z (T), deren Leistung mittels eines Eberspächer-Turboladers auf 192 PS gesteigert worden war. Sie wurde abgelöst durch den 1957 vorgestellten und ab 1961 verstärkt gebauten Typ K (V) 632 ZR, der von einem großvolumigen, 180 PS starken Saugmotor angetrieben wurde. Sie entwickelte sich für über ein Jahrzehnt zur Standard-Zugmaschine der Bundesbahn. Dieses Fahrzeug mit seiner wuchtigen Motorhaube und einer Panorama-

Kaelble K 415

120-PS-Kaelble K 612 Z

230-PS-Kaelble K 632 ZB (1)

145-PS-Kaelble K 645 Z (1)

145-PS-Kaelble K 645 ZF (1)

180-PS-Kaelble KDV 680 Z (1)

107

scheibe wurde 1964 auf 230 PS (Typ K 632 ZB) und 1973 mit einem Daimler-Benz-Motor auf 320 PS (Typ KV 633 ZB) gesteigert. In 4 × 2- oder in 4 × 4-Ausführung wurde diese Zugmaschine gebaut, deren Zuglast jedoch nur 100 Tonnen betrug.

Neben dieser inzwischen in der Motorleistung recht bescheiden wirkenden Zugmaschine stellte Kaelble 1967 einen 425-PS-Typ mit der Bezeichnung KDV W 400 in Frontlenkerbauart vor. Eine Last von 250 Tonnen konnte nun angehängt werden.

Um den Kundenwünschen nach Motoren mit weltweitem Reparaturservice zu entsprechen, wurden ab 1970 wahlweise Daimler-Benz-Maschinen eingebaut. Der eigene Motorenbau, der, auch wegen der Aufgabe der LKW-Fertigung, durch die viel zu kleinen Stückzahlen unrationell geworden war, lief im Jahre 1975 aus.

Schwerpunkt der Kaelble-Fertigung in dieser Umbruchzeit wurden nun Baumaschinen und Industriefahrzeuge wie Hüttenwerkfahrzeuge, Bergbaufahrzeuge, Radlader, Muldenkipper, Knicklenker, Lösch- und Leiterfahrzeuge, Kranwagenuntergestelle, Raupen und Sonderfahrzeuge aller Art. Zwar wurde der Zugmaschinenbau für den Straßentransport aufrechterhalten, das Programm wurde jedoch zeitweilig auf einen Typ, die DB-Zugmaschine K 632 Z, gestrafft.

In der Mitte der siebziger Jahre überarbeitete Kaelble noch einmal die K 632 Z, später KDV 24 Z. Die Haube wurde kantiger, länger und abfallender. Ein Doppelfahrerhaus war jetzt serienmäßig aufgebaut. Die Ballastpritsche konnte 9,75 Tonnen tragen. Synchrongetriebe mit einer Wandler-Kupplung vereinfachten den Schaltvorgang.

Ab 1978 weitete Kaelble in Hinblick auf große Exportgeschäfte im arabischen Raum das Zugmaschinenprogramm beträchtlich aus. Allradgetriebene Fahrzeuge in Frontlenker- und in Haubenbauweise erhielten Saugoder Ladermotoren von Daimler-Benz, MTU, KHD und MAN. Sechsganggetriebe mit nachgeschaltetem Verteilergetriebe oder Drehmomentwandler mit Viergang-Lastschaltgetrieben eigener oder fremder Produktion gelangten zum Einbau.

Ab 1981 wurde die Carl Kaelble GmbH als Tochtergesellschaft der Kaelble-Gmeinder GmbH, Backnang, umstrukturiert, wobei eine libysche Anlagengesellschaft in den Firmenvorstand eintrat. Unter dem Emblem „CKG" als Markenzeichen für die Carl Kaelble GmbH und die Gmeinder u. Co. sind die miteinander eng verbundenen Fahrzeugwerke des Kaelble-Bereichs und die Gmeinder-Werke, die Spez
iallokomotiven und leistungsstarke Antriebstechnik herstellen, vereinigt.

Ende der siebziger Jahre wurden überarbeitete Universal-Zugmaschinen mit zwei, drei und vier Achsen sowie mit und ohne Allradantrieb hergestellt.

180-PS Kaelble KDV 680 (1)

280-PS-Kaelble K 633 ZB (1)

420-PS-Kaelble KDV 24 Z 430 (1)

320-PS-Kaelble KDV 24 Z (1)

420-PS-Kaelble KDVW 420/421 Z (1)
615-PS-Kaelble K4VW 615 Z (1)

500-PS-Kaelble KDVW 500 S (1)
320-PS-Kaelble KVW 320 IZ (1)

Motoren von 320 bis 450 PS kamen in die Frontlenker- und Haubenfahrzeuge. So wurde die modernisierte Zugmaschine KD-VW 421 mit einem automatischen Sechzehnganggetriebe und einem V-12-Daimler-Benz-Motor mit einer Leistung von 420 PS angeboten. Geschwindigkeiten von 2 bis 82 km/h konnte das 15 Tonnen schwere Fahrzeug erreichen. Eine hydrostatisch angetriebene Winde gehörte zur Ausstattung.

Die größte Zugleistung von 1000 Tonnen erreichte die Zugmaschine KDVW 24 Z - 450 von 1979, die von einem KHD-Turbolader-Motor in Bewegung gesetzt wurde. Beim Typencode stand dabei die zweistellige Zahl hinter dem „K" für Kaelble, „D" für Diesel, „V" für Vorderrad- bzw. Allradantrieb für ein Haubenfahrzeug, eine dreistellige Zahl für ein Frontlenkerfahrzeug. Die „4" gab die Achsenzahl an, die anschließende Ziffergruppe machte die ungefähre PS-Zahl deutlich. (Früher gab die Ziffergruppe nach dem „K" die Zylinderzahl und die Bohrung unter Weglassung einer Null an.)

Mit dem allgemeinen Rückgang der Exportaufträge für Zug- und Baumaschinen straffte Kaelble erneut das Programm. Im Jahre 1985 wurden nur noch die Typen KDVW 421 ZB, KDVW 500 S, KDVW 422 S, KDV 34 S-330 und K4VW 615 Z angeboten. 1986 ließ Kaelble mit der Auslieferung der letzten Zugmaschinen vom Typ KDVW 615 Z die Fertigung straßen- und geländegängiger Zugfahrzeuge auslaufen. Ein 615-PS-MAN-Motor mit Turbolader und Ladeluftkühlung trieb diese Fahrzeuge an. Auf Anfrage sollen jedoch weiterhin schwere Zugmaschinen gebaut werden.

Neben den Straßenzugmaschinen stellte Kaelble seit 1959 Industriezugmaschinen mit eigenen und später mit DB-Motoren her. Stärkster Typ war die 1978 erschienene KVW 320 IZ mit einem Zehnzylinder-V-Motor von Daimler-Benz. Auch diesen Fertigungszweig stellte Kaelble 1986 ein.

Schließlich ist zu berücksichtigen, daß genauso wie bei den → FAUN-Zugmaschinen Typen mit Schlüsselzahlen in Prospekten und Zeitschriften angeboten wurden, die aber kein Kaufinteresse fanden und daher nicht gebaut wurden.

Die Stückzahl der gebauten Kaelble-Zugmaschinen beläuft sich auf insgesamt etwa 1000 Fahrzeuge.

Nach der Einstellung des Zugmaschinenbaues ist Kaelble weiterhin im Bau von Radladern, Müllverdichtern, Muldenkippern, Stahlwerksfahrzeugen und Hydrofahrwerken tätig; der Betriebsteil Gmeinder fertigt weiterhin Kleinlokomotiven und Zahnradgetriebe für Schienenfahrzeuge aller Art.

Anmerkung zur Kaelble-Tabelle:
Anhängelast bedeutet das nichtbewegliche Gewicht, mit dem die Anhängekupplung ohne Schaden belastet werden kann. Unter Brutto-Zugleistung ist dagegen der Rollwiderstand des Anhängers zu verstehen, den das Zugfahrzeug überwinden kann.

Technische Daten der Kaelble-Zugmaschinen

Typ	SP	Z	PS	K	B×H	Hubr.	D	Gew.	Zugl.	Mot.
Zug-maschine	1906/11									
Artill.Schl.	1916	4	100	W						
Z 1 Suevia	1925	1	12/18	W	125×200	2454	1000		15	Brutto-Zugleistung
Z 2	1925	2	30	W	125×200	4908	1000	3500		
Z 3	1925	4	45	W	125×200	9817	1000	3800	50	Brutto-Zugleistung
Express Z 4	1930	4	72	W	125×200	9817	1200	2600	15	
Z 4 Gr	1930	4	65	W	125×200	9817	1200		15	
Z 2 S	1933	2	30/36	W	125×200	4908	1200		10	
Z 3 S	1933	3	45/55	W	125×200	7363	1200		15	
ZK 4 Express	1933	4	80	W	125×200	9817	1200		20	
Z 4 G 110	1934	4	65/68	W	110×165	6272	1600	4100	15	
Z 6 GN 110	1935	6	100	W	110×170	9710	1400	5700		
Z 6 GN 125	1935	6	135	W	125×180	13253	1400	6100	200	Brutto-Zugleistung
Z 6 R 3 A	1938	6	180/200	W	150×220	23326	1200	21000	200	
Z 6 R 2 A	1939	6	100	W	110×170	9700	1400	5800		
K 625 Z	1948	6	130	W	125×180	13253	1400	6200		
K 410 Z	1949	4	70/80	W	110×170	6462	15/1600	4200	160	Brutto-Zugleistung
K 630 Z	1949	6	150	W	130×180	14330	1400	6200		
K 610 Z	1950	6	105/125	W	110×170	9693	1600	6000		
K 631 Z	1951	6	157	W	130×180	14330	1400	7000	32	Brutto-Anhängelast
K 832 Z (SF)	1951	V8	200	W	130×180	19104	1400	7700		
K 612 Z	1953	6	120	W	110×170	9693	1600	6200	270	Brutto-Zugleistung
K 415 Z	1955	4	95	W	115×170	7063	1700	4600	24	Brutto-Anhängelast
K 645 Z	1955	6	145	W	115×170	10594	1700	6000	22	Brutto-Anhängelast
K 680 Z	1955	6	180	W	130×180	14330	1600	6250		
KV 632 ZR	1957	6	180	W	130×180	14330	1600	8900		
K 645 Z (T)	1958	6	192	W	115×170	10594	1700	5100		Turbo
K 650 Z	1958	6	150	W	115×130	8102	2400	5400	22	Anhängelast

Technische Daten der Kaelble-Zugmaschinen (Fortsetzung)

Typ	SP	Z	PS	K	B×H	Hubr.	D	Gew.	Zugl.	Mot.
K 650 SF	1958	6	150	W	115×130	8102	2400	5600		
KDV 833 Z	1960	V8	300	W	130×180	19104	1600	13000	100	
KDV 833 E/Z	1961	V8	240	W	130×180	19104	1600			
K 632 ZB	1964	6	230	W	130×150	11945	2100	10500	100	
KDV 22 Z 8 T	1964	V8	320	W	130×180	19104	1600	14300	100	
KDV22 S 8	1965	V8	240	W	130×180	19104	1600	12100	100	
K 632 ZB	1967	6	280	W	130×150	11945	2100	10600	100	
KDVW 400 Z	1967	V8	425	W	140×150	18472	2100	14700	100	
KV 633 ZB	1968	6	280	W	125×130	9567	2300	15400		DB
KV 633 ZB	1973	V 10	320	W	125×130	15950	2500	10200	100	DB
KDV 24 Z- 430 W	1976	V 12	430	W	125×142	20910	2500	14400	bis 1000	DB, mögl. Ball. 11,6 t
KDVW 400 S	1977	V 12	400	W	125×142	20910	2300	20000		DB, Sattel- last 25 t
KDVW 500 S	1979	V 12	500	W	125×142	20910	2300	25000		DB-Turbo, Sattellast 28 t
KDV 24 Z- 320 W	1979	V 10	320	W	125×130	15950	2500	15800	250	DB, mögl. Ball. 10,2 t
KDV 24 Z- 400 W	1979	V 12	400	W	125×142	20910	2300	15000	bis 1000	DB, mögl. Ball. 17 t
KDV 24 Z- 450 W	1979	V 12	450	L	120×125	16960	2500	15000	bis 1000	KHD-Turbo, mögl. Ball. 17 t
KDVW 421 ZB	1980	V 12	420	W	125×142	20910	2400	17700	250	DB, mögl. Ball. 16,3 t
KDVW 421 Z	1984	V 12	400	W	125×142	20910	2300	13300	250	DB, mögl. Ball. 14,7 t
K 4 VW 615 Z	1984	V 12	615	W	125×142	20910	2300	21000	bis 1000	MAN-Turbo, mögl. Ball. 24 t
KDVW 422 S	1985	V 12	400	W	125×142	20910	2300	12500		DB, Sattel- last 27,5 t
KDV 34 S- 330	1985	V8	330	W	128×142	14620	2300	10300		DB-Turbo, Sattellast 23,4 t
Industrie- zugm.										
Z 6 W 2 A 130	1959	6	130	W	125×180	13253	1400	12500		
KDV 12 Z6	1963	6	150	W	115×130	8102	2400	11600	22	DB, Brutto- Anhängelast
KVW 320 IZ	1978	V 10	320	W	125×130	15950	2500	21500		DB, Ballast 3,5 t

Kaiserslauterner Fahrzeug- und Maschinenfabrik AG (KFM), Kaisers-
lautern, Fischerstr. 36, Werk Neunkirchen/Saar, 1982–1983

Diese pfälzisch-saarländische Firma konzentrierte sich auf den Maschinenbau sowie auf die Grundinstandsetzung von amerikanischen Heeres-
fahrzeugen. Unter der Leitung des Firmengründers Theodor ECHTLER entwickelte das Unternehmen unter Mitwirkung eines Designer-Teams einen
kurzhaubigen Schwerstlastwagentyp unter der Bezeichnung TB 600 oder
„Wüstenlöwe" (Dessert Lion). Der geländegängige, allradgetriebene Prototyp sollte Ausgangspunkt einer in sechs Varianten lieferbaren Zugmaschi-
nenreihe für den arabischen und südamerikanischen Raum sein. Dabei
rechnete das Unternehmen mit einem möglichen Absatz von 300 Exemplaren. Besonderer Wert wurde auf die hohe Geschwindigkeit des Fahrzeugs
gelegt.
Ein 12-Zylinder-V-Motor von MWM mit einer Leistung von 600 PS kam in
den 23 Tonnen schweren Wüstenlöwen. Zwei Abgasturbolader versorgten
je eine Zylindergruppe mit Ladeluft. Die Kühlanlage war hinter dem Fahrerhaus angebracht. Ein halbautomatisches Getriebe mit einer Wandlerkupp-

660-PS-KFM-Wüstenlöwe (1)

lung übertrug die Kraft auf die Achsen. Der Tankinhalt sollte für einen Arbeitsbereich von 2000 km ausreichen. Eine Sattelaufliegerbrücke, eine Hinterkippmulde, eine Ballastbrücke, ein Drehkran oder ein Spezialfeuerwehraufbau sollten zu den Ausstattungsvarianten gehören. Eine Rotzler-Seilwinde und eine Klimaanlage gehörten zur Serienausstattung des Fahrzeugs. Anstelle des MWM-Motors konnte auch eine DB-Maschine eingebaut werden.

1983, nachdem das Unternehmen diesen Prototyp auf der Frankfurter Internationalen Automobil-Ausstellung gezeigt hatte, mußte KFM Konkurs anmelden. Ein zweiter Prototyp blieb unvollendet, ebenso wie das Projekt, eine 1200 PS starke Zugmaschine zu entwickeln.

Technische Daten der KFM-Zugmaschine

Typ	SP	Z	PS	K	B×H	Hubr.	D	Gew.	Zugl.	Mot.
TB 600	1982	V 12	660	W	128×140	21600	2100	23000	250	MWM-Turbo, auch DB

Carl Keller und Co. GmbH, Hörstel bei Laggenbeck, 1896–1902

Als erste größere Zugmaschine kann das Ringschienen-Automobil von Carl KELLER (1870–1952) angesehen werden. Keller betrieb in Ibbenbüren eine Ziegelpressenfabrik sowie eine Ziegelei. Als Ersatz für die dort umständlich zu verlegenden Feldbahnanlagen konstruierte er mit dem Ingenieur REINHARDT eine Zugmaschine, die aus zwei Fahrzeughälften mit Steuerständen und einer Knicklenkung bestand.

Die Besonderheit des Fahrzeugs waren die 2,4 m hohen Radreifen, auch Gleisringe genannt, in deren Innenprofil jeweils ein kleines Antriebsrad an Pendelachsen lief. Zwei federnde, waagerecht ausgeführte Führungsrollen in der Radmitte, die ebenfalls im Innenprofil liefen, hielten den 24 cm breiten Gleisring in der Senkrechten stabil. Ähnlich den Raupenschlepperketten legte sich so das 5,5 Tonnen schwere Fahrzeug Gleise für die Antriebsräder.

Bei Bodenunebenheiten wanderte der Radreifen über das Hindernis, während das Antriebsrad in einer Führung hochschwenkte und die Führungsrollen bzw. deren Spiralfedern zusammengedrückt wurden. Die Lenkung erfolgte durch das Schrägstellen der Führungsrollen aller vier Radreifen, so daß das Treibrad als Drehpunkt wirkte. Allerdings ließen die erheblichen Seitendrücke die zusammengeschweißten Radreifen leicht platzen.

Bei größerer Kurvenfahrt wurden die Fahrzeughälften durch die Knicklenkung etwas gegeneinander verstellt. Notfalls mußte rangiert werden, was durch die zwei Steuerstände leicht möglich war.

Zwei 12,5-PS-Motoren der Maschinenfabrik Schwiderski in Leipzig-Plagwitz oder ein 20-PS-Petroleummotor der Motor-Fahrzeug- u. Maschinenfabrik Marienfelde von → Adolf ALTMANN kamen zum Einbau.

Ein Getriebe mit einrückbaren Transmissionsriemen, später ein Zahnradwechselgetriebe, ermöglichte Geschwindigkeiten von 5 und 10 km/h. Bei Rückwärtsfahrt mußte ein Transmissionsriemen zur Vorgelegewelle verkreuzt aufgelegt werden, um die andere Drehrichtung zu erzielen.

Die Fertigung der kastenförmigen, einem Eisenbahn-Personenwagen ähnelnden Gleisring-Zugmaschine übernahm die Maschinenfabrik von Adolf Altmann, aus der in den folgenden Jahren die Motorenfabrik Marienfelde, ein heutiger Daimler-Benz-Werksteil, hervorging. Eine Last von 31 Tonnen, verteilt auf acht Ackerwagen, konnte gezogen werden.

Nachweislich vier verschiedene Ausführungen des Ringschienen-Automobils wurden gebaut und auch für den militärischen Gebrauch in Preußen und in England getestet. Aufgrund der Anfälligkeit der Radreifen sowie des noch fehlenden Interesses an motorgetriebenen Fahrzeugen seitens des Militärs, gab Carl KELLER sein Ringschienen-Projekt auf, zumal die Konstruktion der technisch äußerst aufwendigen Zugmaschine seine finanziellen Mittel nahezu erschöpft hatte. Sein Unternehmen besteht heute noch als Maschinenfabrik in Ibbenbüren-Laggenbeck.

Keller Trakteur (3. Ausf.)

Keller Militärausführung

Klöckner-Humboldt-Deutz AG, Köln, Deutz-Mühlheimer Str. 111
1. 1918–1921 **Gasmotoren-Fabrik Deutz AG**
2. 1926–1930 **Motorenfabrik Deutz AG**
3. 1930–1938 **Humboldt-Deutzmotoren AG**
4. 1938–1954 **Klöckner-Humboldt-Deutz AG**
5. 1972–heute **Klöckner-Humboldt-Deutz AG**

Die älteste Motorenfabrik der Welt, die heutige Klöckner-Humboldt-Deutz AG (KHD) ging aus der 1864 gegründeten Firma N. A. Otto u. Cie., ab 1869 Langen, Otto & Rosen und ab 1872 Gasmotoren-Fabrik Deutz AG hervor. Nach der Jahrhundertwende befaßte sich die Gasmotoren-Fabrik auch mit dem Bau landwirtschaftlicher Schlepper, die Motor- oder Automobilpflüge genannt wurden. Während des Ersten Weltkrieges fertigte das Unternehmen Artilleriezugmaschinen mit 100-PS-Motoren. Die Fahrzeuge besaßen einen überdachten Führerstand, eine Federung, eine Seilwinde und eiserne Räder unterschiedlicher Größe. Reststücke dieses Schleppers wurden nach dem Krieg unter der Bezeichnung „Deutzer Trekker" mit einem 40- oder 33-PS-Benzolmotor verkauft.
Erneut befaßte sich die Motorenfabrik Deutz mit dem Bau von Straßenschleppern im Jahre 1926. Der „Deutzer rahmenlose Diesel-Straßen-

36/40-PS-Deutz MTZ 320

schlepper MTH 222" war mit einem kompressorlosen 14-PS-Einzylinder-Motor ausgestattet. Dieser war auf einem Hohlkörper aufgesetzt, der als tragendes Teil Getriebe und Hinterachse enthielt. Auf der linken Motorseite war ein großes Schwungrad, auf der anderen Seite eine Riemenscheibe angebracht, die dem MTH 222 ein charakteristisches Aussehen gaben.

In Rahmenbauweise erschien gleichzeitig ein Zweizylinder-Modell mit einem 18-PS-Motor. Mit einem 36-PS-Zweizylindermotor folgte das Zwischenmodell MTZ 320 im Jahre 1930.

Die „Stahlschlepper"-Acker- und Straßenmodelle erschienen in der Mitte der dreißiger Jahre. Neben dem 28-PS-Typ F2M 315 (später F2M 317, schließlich bis 1952 F2M 417 mit nun 35 PS) bildete der F3M 317 ein im städtischen Straßenverkehr dieser Zeit bekanntes Fahrzeug. Mit seinem 50-PS-Motor war er in der Lage, eine Last von 25 Tonnen zu ziehen. Ohne Belastung lag die Höchstgeschwindigkeit des Schleppers bei 28 km/h.

Große Lufttreifen, Innenbackenbremsen mit Servounterstützung, auf Wunsch eine Riemenscheibe für den Dreschmaschinenantrieb und ein geschlossenes Fahrerhaus waren weitere Attribute des F3M 317. Weiter ist zu erwähnen, daß der Fahrer in der Mitte des dreisitzigen Fahrerhauses saß. Vorne war eine mit Querfedern abgestützte Pendelachse angebracht.

120

Ab 1941 erschien das Modell mit einer Generatoranlage, wobei der gedrosselte Motor 45 PS erzeugte.

Diese beiden zwei- und dreizylindrigen Schlepper waren in Blockbauart mit einem Stahlblechgehäuse für das Triebwerk ausgeführt, was zu der Typenbezeichnung „Stahlschlepper" beigetragen hat. Nach dem Krieg montierte das unzerstört gebliebene Ulmer Magirus-Werk die beiden Typen als Straßenschlepper weiter bis in das Jahr 1952, in wenigen Exemplaren sogar noch bis 1954.

Erneut griff KHD mit dem „Intrac"-Typ den Zugmaschinenbau im Jahre 1972 auf. Die Bezeichnung „Intrac" bedeutet dabei folgendes: Integrierendes Fahrzeugsystem für verschiedene Aufbauten und Einrichtungen für verschiedene Arbeitsgeräte an der Front- und Heckseite sowie Traktion, d.h. die Fähigkeit, Lasten schnell und rationell transportieren zu können.

Die unkonventionell konstruierten und in der Landwirtschaft, in der kommunalen Wirtschaft sowie in der Industrie verwendbaren Systemfahrzeuge besitzen eine völlig verglaste Fahrerkabine an der Stirnseite. Die Vorderachse war bei den Modellen 2002, 2003 und 2004 als Pendelachse ausgeführt; die späteren Modelle erhielten bzw. erhalten Portalachsen. Über der Hinterachse befindet sich eine Pritsche als Ballastraum. Beim Intrac 2005/2006 sollten dort auch Auflieger aufgesattelt werden können. Über Prototypen gelangte dieses Projekt jedoch nicht hinaus.

35-PS-Deutz F2M317

45/50-PS-Deutz F3M317

KHD F3M317 mit Generator

Deutz MTZ 320 (2)

150-PS-KHD Intrac 6.60 (1)

Technische Daten der KHD-Zugmaschinen

Typ	SP	Z	PS	K	B×H	Hubr.	D	Gew.	Zugl.	Mot.
Deutzer Trekker	1918	4	40	W			800			Artill.-Zugm. 100 PS
dto.	1921	4	33	W	100×150	4710	1000			
Deutzer Diesel MTH 222	1926	1	14	W	145×220	3631	600	2600		Kompressorl. Diesel
Deutzer Diesel	1926	2	18	W			750	2900		
MTZ 320	1930	2	36/40	W	135×200	5726	1025/1050	3850	22	
F 2 M 315	1934	2	25/28	W	120×150	3390	1200	2500/4320	20	Stahl-schlepper
F 2 M 317	1936	2	35	W	120×170	3843	1300	2500	22	Stahlschl.
F 3 M 317	1936	3	45/50	W	120×170	5760	1300	3700	25	Stahlschl.
F 3 M 317 G	1941	3	45	W	120×170	5760	1350	3900	25	Generator
F 3 M 317/49	1948	3	50	W	120×170	5760	1300	3550	25	
Intrac. 2002	1972	3	50	L	100×120	2826	2300	2510		auch Allrad
Intrac. 2005	1972	5	80	L	100×120	4710	2500	3900		Allrad
Intrac. 2003	1974	3	60	L	102×125	3060	2500	3500		Allrad
Intrac. 2006	1974	6	116	L	100×120	5655	2400	3500		Allrad
Intrac. 2004	1978	4	70	L	100×120	3370	2300	3650		Allrad
Intrac. 6.05	1987	6	98/100	L	100×120	5655	2300	4900		Allrad
Intrac. 6.30	1987	6	115	L	102×125	6128	2400	5300		Allrad
Intrac. 6.60	1987	6	150	L	102×125	6128	2300	6000		Allrad, Turbo
Magirus D 360 D	1977	V 12	360	L	125×130	19140	2500			

Die Räder sind entweder gleich groß oder von unterschiedlicher Größe. Antriebe in Mittelmotoranordnung von 50 bis 150 PS standen bzw. stehen zur Verfügung. Flagschiffe sind dabei die 1987 hinzugekommenen Intrac 6.30 und 6.60, die als Allradschlepper mit gleich großen Rädern von Sechszylindermotoren mit 115 und 150 PS angetrieben werden.
Der Antrieb der „Intrac"-Modelle erfolgt mechanisch oder hydrostatisch.

Abgesehen von einzelnen Intrac 2002-Typen werden die Fahrzeuge mit Allradantrieb versehen.

Zur Entwicklungsgeschichte ist noch zu sagen, daß die ursprünglich von Professor Dr. GEGO entworfenen „Intrac"-Modelle in Rahmenbauweise erscheinen sollten. Aus Kostengründen wurde aber schließlich die Blockbauart gewählt, wobei das KHD-Schlepper-Modell der Baureihe D 5006 als Grundlage diente.

1987 ist mit der → Daimler-Benz AG ein Kooperationsmodus gefunden worden, um ein gemeinsames Baumuster zu entwickeln und dies sowie die bisherigen Typen zu vertreiben. Die „Trac-Technik-Entwicklungs- und Vertriebs-GmbH" (TTEG und TTVG) in Köln und Gaggenau soll in den frühen neunziger Jahren dieses Vorhaben realisieren.

Schließlich erschien im einstigen KHD-Nutzfahrzeugbereich im Jahre 1977 der Magirus-Zugmaschinentyp D 360 D 34 A 6×6 mit einem 360-PS-Motor. Eine Kögel-Ballastpritsche befand sich über den Hinterachsen.

Automobilfabrik Karl Franz Komnick u. Söhne AG, Elbing/Westpreußen, Herrenstr. 52, 1925–1930

Komnick, eine seit 1854 bestehende Maschinenfabrik, die 1907 den Automobil- und 1914 den Traktorenbau aufgenommen hatte, bot den Kleinkraftschlepper PS 1 und den Großkraftschlepper PS 3 als Straßenzugma-

40 PS Komnick PS 1

schinen an, nachdem schon während des Krieges 80-PS-Tragpflüge zu Artillerieschleppern umgerüstet worden waren.

Die in Halbrahmenbauweise mit angeschraubtem Getriebekasten ausgeführten Universalschlepper waren mit abnehmbaren Elastikreifen versehen.

Langsamlaufende Benzinmotoren gaben den Schleppern ein gutes Durchzugsvermögen. Ihre Höchstgeschwindigkeit betrug 15 km/h. Eine Seilwinde für eine Zuglast von 5 Tonnen war am größeren Modell angebracht.

Nachdem → Büssing-NAG die Komnick-Werke erworben hatte, wurde der Großkraftschlepper weiterhin mit einem Büssing-Dieselmotor im Programm behalten.

Technische Daten der Komnick-Zugmaschinen

Typ	SP	Z	PS	K	B×H	Hubr.	D	Gew.	Zugl.	Mot.
Kraft- schlepper PS 3	1925	4	50	W	110×155	5890	1000	4600	25	
Kraft- schlepper PS 1	1926	4	40	W	110×155	5890	800		25	

Gebr. Kramer GmbH, Überlingen und Gutmadingen
1. 1936–1972 **Gebr. Kramer GmbH**
2. 1972–1987 **Kramer-Werke GmbH**

Im Jahre 1936 stieg die Maschinenfabrik Gebrüder Kramer mit den von Franz KRAMER konstruierten Typen „K 12" und „Kramer 18/20 Allesschaffer" erstmalig in den Zugmaschinenmarkt ein. Der einzylindrige Kleinschlepper „K 18/20" konnte eine Anhängelast von 8 bis 12 Tonnen ziehen. Ein Faltverdeck war über dem Fahrersitz des nur für kurze Zeit angebotenen Schleppers angebracht.

Im Jahre 1958 stellte Kramer erneut eine Arbeits- und Zugmaschine her, die äußerlich einem Lkw glich, aber sich in der technischen Konzeption erheblich unterschied. Das Fahrzeug besaß an einem nur 4,10 m langen Rahmen Portalachsen, gleich große Räder, Differentialsperren, Zapfwellen vorne und hinten sowie eine Forst- und Ladewinde. Das Fahrzeug konnte mit einem geschlossenen Stahlblechfahrerhaus oder mit einem Faltdach

11/12-PS-Kramer K 12

54/56-PS-Kramer KA/U 540

90-PS-Kramer UF 900 (1)
100-PS-Kramer UF 1000 (1)

110-PS-Kramer UF 1003 (1)
114-PS-Kramer 1014 (1)

und einer vorklappbaren Windschutzscheibe geliefert werden. Über der Hinterachse befand sich eine Lade- oder Ballastpritsche für 1,2 Tonnen Gewicht. Der „Kramer-Universal-Schlepper" konnte mit oder ohne Allradantrieb geliefert werden. Das synchronisierte Achtganggetriebe ließ sich sowohl vorwärts als auch rückwärts schalten. Der gedrosselte KHD-54-PS-Motor beschleunigte das Fahrzeug auf 60 km/h.

Damit stand neben dem → Daimler-Benz „Unimog" mit allerdings nur 25 und 34 PS eine Allrad-Zugmaschine für den schweren Einsatz im Forst- und Baubetrieb, im Werksverkehr und auch im schnellen Straßentransport zur Verfügung. Die Zugleistung betrug 20 Tonnen. 1959 ergänzte das Sechszylinder-Modell „KL 800" mit einem 80-PS-Motor das Kramer-Zugmaschinen-Angebot.

Bei den Typen U 540 und U 800 der sechziger Jahre fielen die seitlichen Lüftungsgitter fort, darüber hinaus fanden ständig kleinere Detailänderungen statt.

Eine neue Generation von Allzweck-Maschinen folgte im Jahre 1964. Kurze Frontlenkerzugmaschinen mit zwei Achsen (UF 900, später UF 1000) und mit drei Achsen (UF 1003) wurden nun mit Motorleistungen von 90, 100 und 110 PS angeboten. Die Räder an Portalachsen vorne und hinten wurden wieder über ein Wendegetriebe in Bewegung gesetzt. Zwischen dem Fahrerhaus und der Pritsche war ein Ladekran mit Abstützfüßen montiert. Die Pritsche konnte eine Nutzlast oder einen Ballast von 3,2 Tonnen aufnehmen.

Der Dreiachstyp UF 1003 besaß breite Reifen, um eine gute Traktionsfähigkeit in schwierigem Gelände zu erzielen.

Diese Fahrzeuge fanden wiederum ihren Einsatz bei Transportunternehmen, in der Kommunal-, Bau- und Forstwirtschaft.

Vom reinen Zugfahrzeug war allerdings die Zugmaschine inzwischen mehr zum Geräteträger für vielfältige Einsatzzwecke umgewandelt worden.

Im Jahre 1975 ließ Kramer diese Fahrzeugreihe auslaufen. Als spezielle Zweiwege-Schlepper für Zug- und Schubarbeiten sowie als Geräteträger in der Land- und Forstwirtschaft wurden bis 1987 Systemschlepper der Typenreihen 914, 1014 und 1214 gefertigt. Ein synchronisiertes Lastschaltgetriebe mit Wendemöglichkeit gab den Schleppern ein hohes Drehmoment in beiden Richtungen. Die kompakten Fahrzeuge besaßen vorne und hinten eine Lenkeinrichtung sowie einen Allradantrieb über Portalachsen mit gleich großen Rädern. Auch eine Parallelstellung der Räder (sog. Hundegang) war möglich. Die vordere Lenktriebachse war pendelnd gelagert.

Nach der Einstellung des Zugmaschinenbaus liegt der Hauptbereich der Kramer-Fertigung auf Baumaschinen und moderner Antriebstechnik.

Technische Daten der Kramer-Zugmaschinen

Typ	SP	Z	PS	K	B×H	Hubr.	D	Gew.	Zugl.	Mot.
Kramer K12	1936	1	12/14	V	105×130	1125	1500			Güldner
Kramer 18/20	1936	1	14/18	V	120×145	1640	1500	1600	12	Güldner
KA/U 540	1957	4	54/56	L	95×120	3400	2800	2850 3250	20	Deutz
KL 800	1959	6	80	L	95×120	5100	2800	3350		Deutz
UF 900	1964	6	90	L	95×120	5100	2800	3700	40	Deutz
UF 1000	1968	6	100	L	100×120	5652	2800	4010	24	Deutz
UF 1003	1968	6	110	L	100×120	5652	2800	5900	15	Deutz
Zugm.1214	1971	6	115	L	100×120	5652	2800	6000		Deutz-Turbo
Zugm. 914	1974	5	85	L	100×120	4710	2500	4750		Deutz
Zugm.1014	1974	6	104	L	100×120	5652	2500	4950		Deutz
Zugm.1014 TS	1976	6	121	L	102×125	6128	2500	5850		Deutz-Turbo

Krauss-Maffei AG, München-Allach, Mailingerstr. 33
  1. 1927–1931 **Lokomotivfabrik J. A. Maffei AG**
  2. 1931–1939 **Krauss-Maffei AG**
  3. 1955 **Krauss-Maffei AG**

Erfolgreichster Sattel-Zugmaschinentyp der Zwischenkriegszeit war der Frankonia B 10 oder spätere KM-Schnell-Zugwagen. Nach einer Lizenz der englisch-französischen Firma Chénard et Walker in Gennevilliers/Seine baute die renommierte Lokomotivfabrik Maffei im Jahre 1927 eine Zugmaschine mit einer patentierten Spindel-Aufsattelkupplung.
Die kompakte Zugmaschine mit einem Lkw-ähnlichen Aufbau wurde bis in die dreißiger Jahre mit einem 35/36 PS-starken Chénard et Walker- oder einem 60-PS-Motor von Magirus (Deutz-Nachbau) angeboten. Ein Vier- oder Fünfganggetriebe mit Untersetzung gab dem Fahrzeug eine Geschwindigkeit von bis zu 50 km/h. Ab 1933 kamen Sechszylinder-Maybach-Vergasermotoren oder Daimler-Benz-Vergaser- oder Dieselmotoren zum Einbau. Über einen Kardanantrieb wurden die Hinterräder angetrieben.
Die Anhängerkupplung war in Form einer senkrecht stehenden Spindel ausgeführt, die mit einer automatischen Ankupplungsvorrichtung versehen war. Diese von Chénard et Walker patentierte „Adhäsionskupplung" nahm je nach Höhe der Spindelbelastung bis zu 3 Tonnen der Anhängerlast auf. Eine entsprechende automatische Kupplung befand sich an dem vorderen Ende der Deichsel des Anhängerdrehgestells.

60/62-PS-Maffei ZW 10

Technische Daten der Krauss-Maffei-Zugmaschinen

Typ	SP	Z	PS	K	B × H	Hubr.	D	Gew.	Zugl.	Mot.
Frankonia 310	1927	4	34/ 36	Th	80 × 150	3014	1800	1920	7,5	Chénard et Walker
ZW 10	1928	4	60/ 62	W	100 × 150	4712	1800	2350		Deutz-Magirus
MSZ 10	1928	4	56/ 60	W	100 × 150	4712	1600/ 1800	2750		Deutz-Magirus
KMS 85/100	1933	6	95	W	94 × 168	6995	1900	3350		Maybach
KMS 85/100	1934	6	100	W	105 × 140	7274	2000	3350		Daimler-Benz, Diesel
MSZ 10	1936	4	60	W	110 × 120	4562	2000			Daimler-Benz, Diesel
MSZ 10	1936	6	85	W	110 × 130	7408	1800			Daimler-Benz, Vergaser
KMS 302	1957	6	170	W	128 × 140	10809	2200			Daimler-Benz

132

Ein gewöhnlicher Lastwagen mit kurzer, hochgesetzter Deichsel oder ein von Maffei hergestellter Anhänger mit hinterer Doppelachse konnten aufgesattelt werden. Auch einachsige Kommunalanhänger ließen sich auf der Spindelvorrichtung anbringen.

Mit einer Last von 7,5 Tonnen, die die Maffei-Anhänger tragen konnten, erreichte das Fahrzeug eine Geschwindigkeit von 30 km/h, im leeren Zustand von 50 km/h.

Eine ausgezeichnete Wendigkeit, Wendekreis: 5,5 m, wies dieses vorne und hinten gefederte und zunächst elastikbereifte Fahrzeug auf. Bei Rückwärtsfahrt wurde die Deichselstellung gesperrt. Ein zusätzlicher Bremser bzw. Lenker war daher nicht notwendig.

Bei den ersten Fahrzeugen waren eine Seilwinde und eine Riemenscheibe eingebaut; eine Rücklaufsicherung war ebenfalls vorhanden. Auch eine kleine Ladebrücke konnte auf die Aufsattelvorrichtung aufgesteckt werden.

Im Jahre 1933 kam die größere Zugmaschine KMS 85/100 mit einer längeren Frontschnauze hinzu. Ein Diesel- oder Vergasermotor konnte auch hier wie bei der kleineren Version eingebaut werden. Der Vertrieb der mehrfach dem Zeitgeschmack angepaßten KM-Schnell-Zugwagen erfolgte zunächst durch Krauss-Maffei selbst, in den frühen dreißiger Jahren durch die Firma → Lanz; danach wieder durch eine eigene Organisation. Einen Großteil der Fahrzeuge übernahm die Deutsche Reichsbahn für Schwerguttransporter sowie die Reichswehr bzw. Wehrmacht für entsprechende Einsatzzwecke. Mit der Aufnahme des Baus militärischer Halbkettenfahrzeuge endete zunächst dieser Produktionszweig. Vereinzelt wurden

60-PS-KM MSZ 10 (1936)

100-PS-KM 85/100

noch bis in das Jahr 1944 Einzelstücke mit Holzgasanlagen ausgeliefert. Erneut griff Krauss-Maffei den Zugmaschinenbau im Jahre 1955 auf. Für die Deutsche Bundesbahn fertigte das Unternehmen in 10 Exemplaren eine Dreiachs-Frontlenker-Sattelzugmaschine mit einem Doppelfahrerhaus. Das Modell KMS 302 erhielt einen Sechszylinder-170-PS-Motor von Daimler-Benz.

Friedrich Krupp AG, Essen, Thomasstr. 100, 1914–1930

Zu Anfang des Ersten Weltkrieges fertigte Krupp gemeinsam mit den → Daimler-Werken einen allradgetriebenen Artillerieschlepper vom Typ KD I. Ein 100 PS starker Daimler-Motor trieb die über 1 m hohen Eisenräder an. Nach dem Krieg wurden Reststücke dieser Fertigungsreihe als geländegängige Zugmaschinen vornehmlich der Forstwirtschaft angeboten. Im Anschluß an diese Modelle stellte Krupp 1923 eine Sattelzugmaschine für standardisierte Pritschen- und Kommunalanhänger vor. Auf einem gepreßten Rahmen mit langen und weichen Blattfedern waren Motor, ein offenes Fahrerhaus und eine Aufsattelvorrichtung angebracht. Ein eigener 40 oder 70 PS starker Benzol-Motor mit stehenden Ventilen stand zur Auswahl. Über ein Vierganggetriebe und eine Kettenübertragung wurden

134

Technische Daten der Krupp-Zugmaschinen

Typ	SP	Z	PS	K	B×H	Hubr.	D	Gew.	Zugl.	Mot.
KD 1	1914	4	100	W	150×200	12020	1200	11250	8	Daimler
Krupp	1923	4	45	W	120×160	7234	1000	3600	9	
Krupp	1926	4	40	W	90×160	4069	1400	6000	9	
Krupp	1926	4	70	W	120×180	8138	1000	6000	9	

die hinteren Zwillingsräder in Bewegung gesetzt. Alle Räder waren von einheitlicher Größe und elastikbereift.

Der Anhänger war mit einer Kupplungsnase versehen, die in den Unterbock des gefederten Kupplungssattels der Zugmaschine geschoben wurde. Drehpunkt war der Lenkschemel über der Hilfsachse des Anhängers. Die Hinterachse des Hängers ruhte ebenfalls auf einem Lenkschemel und wurde mit einem Schneckengetriebe und einer Kettenübertragung vom Aufsattelpunkt aus oder mittels einer Handkurbel von einer am Hängerende mitfahrenden Person bei enger Kurvenfahrt und bei Rangiermanövern bewegt. Eine hochklappbare Hilfsachse mit unbereiften Rädern befand sich kurz vor der Kupplungsnase. Um den Anhänger auch im Pferdetransport ziehen zu können, konnte eine mitgeführte Deichsel an der drehbaren Hilfsachse eingesteckt werden. Der Anhänger konnte mit 9 Tonnen belastet werden. Ein weiterer, angekuppelter Hänger konnte nochmals 5 Tonnen Last aufnehmen. Mit der Ausweitung des Lastkraftwagenbaus und Änderungen in den Zulassungsbestimmungen gab Krupp die Fertigung der Zugmaschinen im Jahre 1930 auf.

70-PS-Krupp-Sattelzug

70-PS-Krupp-Kipp-Sattelzug

12-PS-Lanz-Bulldog

Heinrich Lanz AG, Mannheim, Lindenhofstr. 55
1. 1921–1925 **Heinrich Lanz oHG,** Mannheim, Lindenhofstr. 55
2. 1925–1954 **Heinrich Lanz AG**

Das von Heinrich LANZ (1838–1905) gegründete Landmaschinenunternehmen stellte während des Ersten Weltkrieges schwere 80-PS-Artillerieschlepper her, die aus dem Lanz-„Landbaumotor" abgewandelt worden waren.

1921 erschien der „*Bulldog*"-Schlepper mit einem liegenden Einzylinder-Glühkopfmotor mit 12 PS Leistung. Das in selbsttragender Bauweise ausgeführte Modell besaß Elastikbereifung und konnte eine Geschwindigkeit von 4,3 km/h erreichen. Da der Motor ohne Ventile, ohne Vergaser und ohne elektrische Zündanlage arbeitete, war seine Wartung, abgesehen von dem umständlichen Zündvorgang, äußerst einfach. Ebenso einfach aufgebaut war die Verdampfungs-Kühlanlage. Allerdings war der Verbrauch an Gasöl, Dieselöl, Paraffinöl, Petroleum, Spiritus oder Braunkohlenteeröl als Brennstoff recht beachtlich.

Im Jahre 1926 löste der Großbulldog HR 2 mit einem 22/28-PS-Motor das kleine Ursprungsmodell ab.

Zu Beginn der dreißiger Jahre weitete Lanz das Zugmaschinenprogramm mit einem 15/30-, 20- und 35-PS-Verkehrsbulldog aus. Für mittelschwere Einsätze wurden auch die Typen D 7506 und D 8506 ab 1935 mit 27 und 38/40 PS angeboten.

Bekanntestes Modell des einst größten Schlepperwerkes Europas war dann der 55-PS-Eilbulldog von 1936, der speziell für den Straßenzug entwickelt worden war. Der 10,3-Liter-Einzylindermotor trieb das gewaltige, 4,5 Tonnen wiegende Fahrzeug an. Auf Wunsch wurden eine Seilwinde und eine Druckluftanlage für den Anhängerbetrieb eingebaut. In geschlossener Version mit dem Stahlblechfahrerhaus (Typ D 2539) oder in offener Ausführung mit einem cabrioletartigen Faltdach (Typ D 2531) wurde der „Eilbulldog" ausgeliefert. Mit einem Vier-, später Fünfganggetriebe erreichte er 32 km/h. Vordere Pendelachsen mit querliegenden Blattfedern, die unter dem Zylinderkopf angebracht und durch Stützstangen geführt wurden, federten das Fahrzeug ab. Hinten fingen Luftreifen die Stöße ab.

Ab 1941 wurde der Eilbulldog auch für den Holzgasbetrieb ausgeliefert. Hinter dem Fahrerhaus befand sich die Imbert-Holzgasanlage, die nach dem Zweistoffverfahren arbeitete. Vor dem Ansaugen des Holzgases wur-

22/38-PS-Felddank

15/30-PS-Lanz-Bulldog

20-PS-Lanz-Verkehrsbulldog

55-PS-Lanz D 6362

55-PS-Lanz-Eilbulldog D 2539 (2)

Lanz D 2531 H mit Generator

140

45-PS-Lanz-Verkehrsbulldog (2)

60-PS-Lanz-Verkehrsbulldog (Volldiesel) (2)

de zur Eröffnung des Verbrennungsvorganges eine geringe Menge Dieselöl eingespritzt. Eine Leistung von 40 PS wurde dabei erzielt.

Nach dem Krieg konnte Lanz nach der Wiederherstellung des zerstörten Montagewerkes ab 1949 bis in die frühen fünfziger Jahre den „Eilbulldog" mit dem doch recht unruhig und unwirtschaftlich arbeitenden Glühkopfmotor verkaufen. Mit dem Aufkommen des Unimogs von → Daimler-Benz schwand dann der Absatz immer stärker, so daß die Verkehrsschlepperfertigung eingestellt wurde. Ein elektrischer Anlasser war seit 1951 serienmäßiges Ausrüstungsteil des Eilbulldogs.

Technische Daten der Lanz-Zugmaschinen

Typ	SP	Z	PS	K	B×H	Hubr.	D	Gew.	Zugl.	Mot.
Artill.Schl.	1914	4	80	W	155×200	15087	700	7000		Kämper
Bulldog HL	1921	1	12	V	190×220	6234	420	1670		
Großbull-dog HR2	1926	1	22/28	V	225×260	10332	500	2500		
Bulldog 15/30	1930	1	15/30	Th	225×260	10332	500		20	
Verkehrs-Felddank	1930	2	38	Th	190×220	12468	650	5895		auch Typ Schwerzug-Bulldog
Verkehrs-bulld. HN1	1932	1	20	Th	170×210	4764	800			
D 7539	1934	1	35	Th	225×260	10332	540	3700		
D 2539	1935	1	55/57	Th	225×260	10332	750	4530	25	offener Typ: D 2531
D 7506 Allzweck	1935	1	27	Th	170×210	4764	850		14/16	
D 8506	1935	1	38/48	Th	225×260	10332	540/630	3380	25	
D 2539 H	1941	1	40	Th	225×260	10332	680		18	Generator

C. D. Magirus AG, Ulmer Feuerlöschgeräte- u. Leiternfabrik, Ulm, Schillerstr. 2, 1917–1918

Gegen Ende des Ersten Weltkrieges stellte Magirus eine Kraftprotze auf der Basis des Lastkraftwagens vom Typ 3K1 mit einem 70-PS-Motor her. Besonderheit dieses auch als Geschützschlepper bezeichneten Fahrzeugs war der Allradantrieb sowie die hintere Pendelachse. Dieses Radaufhängungssystem beruhte auf einem Patent des Schlepperkonstrukteurs und Verfassers zahlreicher Nutzfahrbücher, Otto BARSCH.
1936 ging das Unternehmen in der zwei Jahre später gegründeten → Klöckner-Humboldt-Deutz AG auf.

Technische Daten der Magirus-Zugmaschinen

Typ	SP	Z	PS	K	B×H	Hubr.	D	Gew.	Zugl.	Mot.
Kraft-protze	1917	4	70	W	135×180	10300	1100			

70-PS-Magirus-Geschützschlepper

MAN Nutzfahrzeuge GmbH, Werk München, München-Allach, Dachau-
erstr. 667
1. 1937 und 1953–1955 **MAN Kraftwagenwerke GmbH,** Nürnberg,
Katzwangerstr. 101
2. 1981–heute **MAN Nutzfahrzeuge GmbH,** Werk München, München-Allach, Dachauer Straße 667

Das Augsburger Werk der späteren Maschinenfabrik Augsburg-Nürnberg
(MAN) wurde 1840 von dem Kaufmann Ludwig SANDER gegründet. Der
Mechaniker Carl August REICHENBACH, Neffe Friedrich KÖNIGS, Erfinder der
Schnelldruckpresse, legte den Grundstock für den Druckmaschinenbau,
den das MAN-Roland-Unternehmen noch heute weiterführt. Carl BUZ
begründete den anderen Ursprungszweig des Augsburger Unternehmens.
Dampfmaschinen, Dampfkessel, Wasserturbinen und Eismaschinen wurden hier gebaut. Unter der Führung von Carl BUZ gab das Unternehmen
1892 dem Assistenten Rudolf DIESEL die Möglichkeit, den nach ihm be-
nannten Dieselmotor zu entwickeln. Auch in diesem Fertigungszweig, der
modernen Dieselmotortechnik, hält das Unternehmen heute eine weltfüh-
rende Position inne.

40-PS-MAN AS 440 A

Das Nürnberger Werk wurde 1841 von dem Kaufmann Johann Fr. Klett gegründet und stellte zunächst Dampfmaschinen, Gußstücke, Brücken, Eisenbahnbedarf und Eisenbahnwagen her.

1898 schlossen sich beide Unternehmen zur Maschinenfabrik Augsburg-Nürnberg zusammen. 1920 trat die MAN in den Konzern der Gutehoffnungshütte ein.

Im Jahre 1915 nahm MAN im Werk Nürnberg den Bau von Straßenfahrzeugen auf, nachdem entsprechende Lizenzen von der Schweizer Firma Adolphe Saurer in Arborn sowie das Saurer-Zweigwerk in Lindau erworben worden waren. 1923 gelang es, einen serienreifen Dieselmotor mit 40 PS Leistung fertigzustellen, der den frühen Einbau von Dieselmotoren in die MAN-Fahrzeuge einleitete.

1936/37 brachte MAN unter den Schwerlastfahrzeugen der Baureihe F 4 zwei Straßenschlepper mit der Bezeichnung FT heraus. Das erste Modell erhielt einen Sechszylinder-Dieselmotor mit 110 PS. Der zweite Typ war mit einem 150 PS starken Motor ausgerüstet. Die beiden Schlepper besaßen ein Doppelfahrerhaus und einen verkleideten Ballastkasten über der Hinterachse. Eine Zuglast von 100 Tonnen sollten diese Fahrzeuge

50-PS-MAN mit Holzgasanlage

befördern können. In den frühen fünfziger Jahren rüstete MAN den 40-PS-Ackerschlepper als Typ AS 440 A in eine Straßenversion um. Das Fahrzeug war mit einer Fahrerkabine ausgestattet; der Allradantrieb wurde beibehalten.
Erneut griff MAN den schweren Zugmaschinenbau im Jahre 1981 auf und entwickelte aus den bewährten Sattelzugmaschinen überschwere Zugfahrzeuge, die vorwiegend in den Export gingen und gehen. Zunächst erschien der Typ 40.400 mit einem Zehnzylindermotor in V-Bauweise und einer Leistung von 400 PS. 1983 folgte die Zugmaschine DFA 34.440 mit einem 440-PS-Motor.
Die höchste Motorleistung erreicht der 1984 vorgestellte Typ 48. 525 VFA, der von einem 525-PS-Zwölfzylindermotor angetrieben wird. 1985 erschien ein 364 PS starker Typ unter der Bezeichnung 40.365/440.
Die Fahrzeuge werden in 6×4-, 6×6 und 8×8-Ausführung geliefert und sind für Zugleistungen von 200 bis 300 Tonnen ausgelegt. Die Fertigung dieser Zugmaschinen erfolgt im österreichischen Zweigbetrieb, der ÖAF-Gräf und Stift AG in Wien.

150-PS-MAN FT (1) ▼

110-PS-MAN FT (1) ▶

364-PS-MAN 40.400 DFA (1) ◀

Technische Daten der MAN-Zugmaschinen

Typ	SP	Z	PS	K	B×H	Hubr.	D	Gew.	Zugl.	Mot.
FT	1937	6	110	W	120×180	12212	1400		12	
FT	1937	6	150	W	135×155	13312	1700	6300	15	
AS 440 A	1953	4	40	W	92×110	2925	2000	2400	20	
40.400	1981	V 10	400	W	125×130	15945	2500		250	ab 1983 440 PS
34.440 DFA 6×6/ 6×4	1983	V 10	440	W	125×142	17306	2300	23000	200	
48.525 VFA 8×8	1984	V 12	525	W	125×142	20920	2300		300	
40.365/ 440 DF/DFA 6×6	1985	V 10	364	W	128×142	18263	2300		250	auch 440 PS

Maschinenfabrik Esslingen (ME), Esslingen a. Neckar, 1926–1950

Die Maschinenfabrik Esslingen (ME), bekannt für Elektrokarren, Elektro-Lieferwagen und Paketpostfahrzeuge, bot ab 1926 bis in die fünfziger Jahre elektrisch angetriebene Schlepper für innerbetriebliche Zwecke an.

Technische Daten der ME-Zugmaschinen

Typ	SP	Z	kW	K	B×H	Hubr.	D	Gew.	Zugl.	Mot.
S 1	1926		2×1,8				1300			
	1941								3	
	1941								10	
S 101	1948		3,75						2/3	
S 202	1948		5				1300		4/6	
S 302	1948		6,8				1300		8/10	
S 501	1948		6,8				1300		12/15	
S 201 F	1948		5				1300		4/6	
S 301 F	1948		6,8				1300		8/10	
S 501 F	1948		6,8				1300		12/15	
S 301	1948		8,1				1900		6/8	
S 501	1948		10						8/10	
S 601	1948		17				1800		10/12	

6,8-kW-ME S 302

MIAG Mühlenbau und Industrie AG, Braunschweig, Amme-Luther-
Straße 19
1. 1936–1938 **MIAG Mühlenbau und Industrie AG,** Bielefeld, Amme-
Luther-Str. 19
2. 1938–1952 **MIAG Mühlenbau und Industrie AG,** Bielefeld; **Abt.
Fahrzeugbau GmbH,** Frankfurt a. Main, Mainzer
Landstr. 331; Werk Ober-Ramstadt, Im Ochsenbruch

Mit den MIAG-Ackerschleppern erschienen gleichzeitig Straßenzugmaschinen. Die Kleinzugmaschinen waren mit Ein- und Zweizylinder-MWM-
Motoren ausgestattet.
Der recht plump wirkende Typ D 10 besaß auf einem Profilrahmen ein
Fahrerhaus. Der Motor war im Heck angeordnet. Beim dagegen eindrucks-
voll aussehenden Typ ID 20 war der Motor über der gefederten Vorderach-
se angebracht. Ein offenes oder geschlossenes Fahrerhaus konnte ge-
wählt werden. Auch mit einer Doppelkabine für den Fernverkehr konnte der
ID 20 ausgestattet werden. Das Fahrzeug war hinten einfach oder doppelt
bereift.
Beim Typ ID 20 war die Hinterachse durch Kegelstumpffedern und durch
Dreiecksverstrebungen abgefedert bzw. geführt.

10/11-PS-MIAG D 10

Durch den Einbau verschiedener Hinterachsübersetzungen konnten die Zugleistung und die Geschwindigkeit geändert werden. (Nebenbei: der MIAG-Straßenschlepper ID 20 war bis in die sechziger Jahre auf den Märklin-Metallbaukästen als Vorbild vertreten.)

Während des Krieges experimentierte MIAG entsprechend dem Schell-Programm in der Ausrüstung des ID 20 mit einem Vierzylinder-Ford-Motor und einer eigenen Holzgasanlage. Eine Leistung von 25 PS konnte erzielt werden.

Nach dem Krieg erschien der JD 33 mit einem 33/36-PS-Motor von MWM als Nachfolger des ID 20. Nach bewährter Tradition war das Fahrzeug wieder in Rahmenbauweise und mit einem dreisitzigen Fahrerhaus konstruiert. Die Höchstgeschwindigkeit lag zwischen 32 und 38 km/h. Eine Last von 12 Tonnen konnte gezogen werden. Daneben erschien in wenigen Exemplaren der Zweizylinder-Typ JD 17, ebenfalls mit geschlossenem Fahrerhaus.

Die Fahrzeuge wurden bis 1938 im MIAG-Werk in Bielefeld, ab diesem Zeitpunkt bis zur Fertigungseinstellung im Jahre 1952 im ehemaligen Röhr-Automobilwerk in Ober-Ramstadt gefertigt, wo auch die Ackerschlepper, Gabelstapler und Fördergeräte der MIAG entstanden.

Mit der Nutzfahrzeugindustrie blieb die MIAG bis in die Mitte der achtziger Jahre mit dem Bau der Bühler-MIAG-Mobilkrane verbunden.

MIAG ID 20 F Doppelkabine

▲ *20/22-PS-MIAG ID 20*   *MIAG ID 20 F*

Miag-Straßenschlepper Typ ID 20 F

151

Technische Daten der MIAG-Zugmaschinen

Typ	SP	Z	PS	K	B×H	Hubr.	D	Gew.	Zugl.	Mot.
D 10	1936	1	10/11	W	95×150	1055	1500		7,5	MWM
ID 20	1936	2	20/22	W	95×150	2110	1500	2150	10/12	MWM
ID 20 F	1936	2	20/22	W	95×150	2110	1500	2200	9/10	MWM
MIAG 25 PS	1942	4	25	W	98×108	3290	2000		10	Ford, Generator
JD 33	1948	3	33/36	W	95×120	2550	2000	2450	12	MWM
JD 17	1948	2	17	W	85×110	1250	2000		7	MWM

Baugesellschaft Michelsohn, Minden, Karlstr. 25–31, 1924–1934

Die Baugesellschaft Michelsohn, vornehmlich im Bereich der Lokomotiv-Ausbesserung tätig, nahm im Jahre 1924 den Bau eines einfachen Einzylinder-Glühkopfschleppers vom Typ *Baumi* auf. Das ähnlich dem Lanz-Bulldog konstruierte Fahrzeug besaß ein aus einem Stück gegossenes Fahrwerk, das auch den Hinterachsantrieb enthielt. Die Räder waren vollgummibereift. Die Lenkung war in Drehschemelbauart ausgeführt. Der im Zweitaktverfahren arbeitende, liegende Motor erbrachte 16/18, später 20 PS. Zum Anlassen diente eine Zündkapsel, die durch eine Aufwärmlampe auf ca. 500 Grad Celsius erhitzt werden mußte. Schlitze im Glühkopf sorgten für einen kontinuierlichen Lauf der Maschine. Zwei Vorwärtsgänge für Geschwindigkeiten bis zu 7,5 km/h waren vorhanden.
Neben Riemenscheibe und einer Seilwinde war eine Bergstütze vorhanden. Die Zugfähigkeit betrug 10 Tonnen.
Durch die politischen Zeitumstände mußten die Firmenbesitzer Hermann und Nathan MICHELSOHN im Jahre 1934 ihren Betrieb aufgeben, der nun wieder ganz der Eisenbahn-Reparatur diente.

Technische Daten der Baumi-Zugmaschinen

Typ	SP	Z	PS	K	B×H	Hubr.	D	Gew.	Zugl.	Mot.
Baumi	1924	1	16/18	V			470	3500	10	
Baumi	1924	1	20	V				3500	10	

20-PS-Baumi

Motorenfabrik München-Sendling Co., Vollnhals KG, München-Sendling, Gmunderstr. 14/16, 1915–1918

Ein 80-PS-Fahrzeug, das aus einem landwirtschaftlichen Schlepper entwickelt worden war, baute dieses Unternehmen als schwere Artilleriezugmaschine für das bayerische Heer während des Ersten Weltkrieges.

Motorenfabrik Darmstadt AG, Darmstadt, Kirschenallee 7/9, 1916–1931

Die im Jahre 1902 gegründete Landmaschinenfabrik nahm 1916 den Bau von Motor-Last-Zugmaschinen mit eigenen Motoren auf. Ein liegender, langsamlaufender 20-PS-Benzolmotor kam zum Einbau. Über Rollenketten wurde die Hinterachse angetrieben. Geschwindigkeiten von 2,5 und 5,5 km/h konnten erreicht, Lasten von 15 bzw. 7,5 Tonnen gezogen werden.
Im Jahre 1917 erwarb die Heeresverwaltung mehrere Zugmaschinen zum Lastentransport.

153

1924 übernahm das Unternehmen die Lizenz zum Nachbau des Colo-Dieselmotors von den Motoren-Werken Mannheim. Auf einem Stahlrohr-rahmen war der langsamlaufende Zweizylindermotor aufgebaut und trieb über ein Ritzelsystem die hinteren elastikbereiften Zwillingsräder des Modag 1 an.

Um 1927 erschien der verbesserte Typ Modag 2 mit einem schnellaufenden Motor, der 20 PS abgab. Anstelle einer Wasserkühlung mit Pumpe war eine Verdampferanlage eingebaut.

Teilweise wurde bei den Erzeugnissen dieser Darmstädter Motorenfabrik auch der Markenname „Modaag" verwendet.

Nach 1931 wandte sich der Betrieb, der inzwischen zum Demag-Konzern gehört, verstärkt dem Schiffsdiesel- und Industriemotorenbau zu.

Technische Daten der Modag-Zugmaschinen

Typ	SP	Z	PS	K	B×H	Hubr.	D	Gew.	Zugl.	Mot.
Motor-Zugm.	1916	1	20	V						
Modag 1	1924	2	16/18	W	125×180	4415	750	2200		Colo-Diesel
Modag 2	1927	2	20	V	125×180	4415	1220			Colo-Diesel

20-PS-Modag Kriegs-Lokomobile

16/18-PS-Modag

20-PS-Modag

Motoren-Werke Mannheim, vorm. Benz und Cie., Abt. Stationärer Gasmotorenbau, Mannheim, Waldhofstraße, 1924–1925

Das sowohl in der Landwirtschaft als auch im Straßenverkehr einsetzbare *MWM-Motorpferd* gilt als erster Produktions- und Verkaufserfolg eines Dieselfahrzeugs auf dem Weltmarkt. Nach den Patenten von Prosper L'ORANGE stellte das Unternehmen seit 1923 kompressorlose Dieselmotoren her, die gemeinsam mit der Firma Ansbacher Eisengießerei und Maschinenfabrik und Motorenbau Carl Bachmann sowie der Firma → Süddeutsche Bremsen AG unter der Bezeichnung „Colo"-Dieselmotor entwickelt worden waren.

Der in das Motorpferd quer zur Fahrtrichtung eingebaute, kompressorlose Zweizylinder-Vorkammer-Dieselmotor gab seine Kraft von 18 PS über ein Vorgelege, einen Riemen und eine Lennix-Spannrolle auf das Zweiganggetriebe ab. Eine aufklappbare Blechhaube schützte den Motor-Getriebeblock. Ein großes Schwungrad, eine Riemenscheibe sowie eine Drehschemellenkung waren weitere Attribute des in 359 Exemplaren gebauten Dieselfahrzeugs. Eine Last von 12,5 Tonnen konnte bei einer Geschwindigkeit von 4 km/h gezogen werden.

16-PS-MWM Motorpferd

Technische Daten der MWM-Zugmaschinen

Typ	SP	Z	PS	K	B×H	Hubr.	D	Gew.	Zugl.	Mot.
Motor-pferd	1924	2	18	Th	125×180	4415	750	2700	12,5	

Wilhelm Adolf Theodor Müller (-Neuhaus), Straßenzug-Gesellschaft mbH, Berlin-Steglitz, Feldstr. 51, 1908–1913

Oberingenieur Wilhelm A. Th. MÜLLER (1874–1945) gründete 1908 die Straßenzug-Gesellschaft mbH in Steglitz bei Berlin zur Konstruktion von Zugmaschinen und elektrisch angetriebenen, standardisierten und spurtreuen Anhängern.

Auftraggeber seiner Entwicklungen war die königlich preußische Versuchsabteilung der Verkehrstruppen, die ein schienenungebundenes Transportsystem für die Massenbeförderung in Gegenden abseits von Eisenbahn- und Feldbahnlinien einsetzen wollte. Darüber hinaus dachte MÜLLER an die Verwendung seiner Züge in den verkehrsmäßig wenig erschlossenen deutschen Kolonien.

Ausgangspunkt seiner Fahrzeuge war die einst von ihm für die Firma → Siemens entworfene Straßenzugmaschine.

Das symmetrisch konstruierte Führungsfahrzeug der *Müller-Züge* ruhte auf zwei Untergestellen gleicher Bauart, in die jeweils in Fahrtrichtung ein Elektromotor mit Differential und Kettenübertragung eingelassen war. Die Elektromotoren lieferte die Berliner Firma Bergmann Elektrizitäts AG.

Auf dem Fahrgestellrahmen waren zwei Sechszylinder-Benzolmotoren der Marke Austro-Daimler mit je 90 PS Leistung angebracht, an die Gleichstromgeneratoren gekuppelt werden konnten. Mit der erzeugten Spannung von bis zu 400 Volt wurden die Antriebs-Elektromotoren im Zugfahrzeug und in den angekuppelten Anhängern gespeist. Die beiden Maschinensätze ließen sich durch Handkurbeln oder elektrische Anlasser in Betrieb setzen. Im Flachland reichte ein Maschinensatz aus; bei Bergfahrten oder bei schwierigem Gelände wurde der zweite Motor hinzugeschaltet.

Zwei Führerstände für Vorwärts- oder Rückwärtsfahrt waren in dem Fahrzeug vorhanden. An den Stirnseiten waren die der Zugmaschine ein charakteristisches Aussehen verleihenden Kühlanlagen angebracht. Die Lenkung erfolgte normalerweise durch den vorderen Lenkschemel, der

157

180-PS-Müller Maschinenwagen

durch ein Zahnsegment gedreht werden mußte. Für Rangierarbeiten oder für enge Kurvenfahrten konnte über ein Hebelsystem das andere Fahrgestell entgegengesetzt gedreht werden. Der Kraftaufwand für den Fahrer war allerdings erheblich.

Zur Schonung der Straßen bzw. zur besseren Adhäsion besaßen die über 1 m hohen Eisenräder eine Auflagefläche von 20 cm. An das Generatorfahrzeug konnten sechs Anhänger angekuppelt werden, die die gleichen motorisierten Untergestelle wie das Führungsfahrzeug besaßen. Elektrokabel führten vom Generatorfahrzeug in einer Parallelschaltung zu den Elektromotoren in allen Achsschemeln. Über ein Zahnstangen- und Kegelradsystem wurden bei Kurvenfahrt beide Drehgestelle gegeneinander verändert. Spurstangen an den Fahrzeugverbindungen wirkten jeweils auf das nachfolgende Drehgestell. Wilhelm A. Th. MÜLLER hob daher auch die Besonderheit seiner Züge hervor, daß sich alle Wagen, im Gegensatz zu den mechanisch angetriebenen französischen Renard-Zügen, der Spur des ersten Fahrzeugs anpaßten.

Jeder Wagen konnte 5 Tonnen Last befördern. Der letzte Wagen besaß bei Weitstreckenfahrten eine Plane und diente der Besatzung, den beiden Fahrzeugführern und dem auf dem letzten Wagen sitzenden Bremser, als Unterkunft.

Eine ausziehbare Deichsel war an jedem Wagen angebracht, so daß dieser von Hand rangiert oder notfalls von Pferden gezogen werden konnte.

158

Müller Straßenzug

Durch die symmetrische Ausbildung der Fahrzeuge ließ sich der Zug auch von dem letzten Anhänger aus an der Deichsel führen.

Mit einem Rangierkabel von 300 m Länge, das auf zwei Kabeltrommeln am ersten Anhänger transportiert wurde, konnten die Anhänger auch abgekuppelt vom Generatorfahrzeug bewegt werden, was sich beim Passieren von Brücken mit geringer Tragfähigkeit als nützlich erweisen konnte.

Eine Geschwindigkeit von 12 bis 16 km/h erreichte der mit 30 Tonnen belastete Zug auf ebener Strecke.

Beim Bremsen wirkten die Elektromotoren wie Generatoren und gaben die erzeugte Energie an die beiden Dynamos im Führungsfahrzeug ab. Zusätzlich besaß jedes Drehgestell mechanische Innenbackenbremsen, die jedoch einzeln angezogen werden mußten und gewöhnlich zum Feststellen des Fahrzeugs dienten. Bei starkem Gefälle konnten Bremser auf den Hilfssitzen an der Heckseite der Anhänger zusätzlich zu dem Besatzungsmitglied auf dem letzten Wagen die Bewegung des Zuges verzögern.

Kurz vor dem Ausbruch des Ersten Weltkrieges entwarf MÜLLER den 60 Tonnen tragenden Austral-Zug, der für ein Transportunternehmen in Australien bestimmt war und bis in die Mitte der zwanziger Jahre dort störungsfrei eingesetzt wurde.

Dieser zweite Typ besaß zwei 125 PS starke Austro-Daimler-Motoren im Maschinenwagen. Die Stahlräder aller Fahrzeuge hatten nun einen Durchmesser von 1,2 m und eine Breite von 25 cm.

159

Zehn Anhänger konnten angekuppelt werden, die jeweils 6 Tonnen Fracht aufnahmen. Das wiederum 16 km/h schnelle Transportsystem erreichte eine Länge von 80 Metern. MÜLLER nahm an der ersten Fahrt des Austral-Zuges teil und konnte sich von der Zuverlässigkeit und Effektivität seines Straßenzuges überzeugen.

Hersteller der etwa sieben gebauten Müller-Züge war die Aktien-Gesellschaft für Eisenbahnwagenbau und Maschinenbauanstalt Breslau, aus der später die noch heute (in Salzgitter) existierende Firma Linke-Hofmann-Busch hervorgegangen ist.

Der Verlauf des Ersten Weltkrieges zeigte jedoch die hervorragende Flexibilität und die geringe Kompliziertheit der normalen Lastkraftwagen, so daß die Heeresverwaltung keine Müller-Züge mehr nachbestellte.

1923 versuchte MÜLLER nochmals, mit einem 25 km/h schnellen, wahrscheinlich gummibereiften Straßenzug im Eulengebirge das Transportgewerbe von der Richtigkeit seiner Konzeption zu überzeugen. Da der Erfolg wiederum ausblieb, zumal die deutschen Kolonien als Einsatzmöglichkeiten ausgefallen waren, löste er im gleichen Jahr seine Straßenzug-Gesellschaft auf und widmete sich erfolgreich als Siemens-Ingenieur der Rückgewinnung von elektrischer Energie beim Bremsvorgang von schienengebundenen Fahrzeugen.

Technische Daten der Müller-Zugmaschinen

Typ	SP	Z	PS	K	B×H	Hubr.	D	Gew.	Zugl.	Mot.
30-t-Zug	1910	2× 6	180	W	155×170	2× 19237	850		30	Austro-Daimler
Austral-Zug	1913	2× 6	250	W	140×220	2× 20250	1000		60	Austro-Daimler

Nationale Automobil AG, Berlin-Oberschöneweide, Westendstr. 1–5
1. 1903 **Neue Automobil GmbH**
2. 1926 **Nationale Automobil AG**
3. 1926–1930 **NAG-Protos AG**

Das zunächst als Neue Automobil Gesellschaft firmierende Tochterunter-
nehmen der AEG stellte im Jahre 1903 in den Mechanischen Werkstätten
des Kabelwerkes Oberspree den ersten deutschen Automobil-Lastzug her.
Hierbei handelte es sich um eine für die damalige Zeit schwere Zugmaschine mit einer Pritsche, einem Seilspill und einer Anhängerkupplung. Vier
standardisierte Anhänger konnten angehängt werden.
Der NAG-Automobil-Lastzug mit der Bezeichnung „Durch" war nach einer
Idee des Kolonialoffiziers, Oberleutnant → TROOST und nach Plänen des
seinerzeit bekannten Automobilkonstrukteurs Josef VOLLMER für die kaiserliche Schutztruppe in Deutsch-Südwestafrika gebaut worden. Dort sollte
das Fahrzeug Erfahrungen für den Bau eines Standardautomobils für die
Kolonien erbringen.

45/60-PS-NAG „Durch"

55-PS-NAG Sattelzug

Ein Vierzylinder-NAG-Motor mit einer Leistung von 45/60 PS trieb das 4,2 Tonnen schwere Zugfahrzeug an. Mit Spiritus oder Benzol wurde der Motor versorgt. Konstruktiv entsprach das Fahrzeug noch dem Standardbau einer Dampflokomobile. Großdimensionierte, mit schrägem Auflageprofil versehene Eisenräder, die vorne und hinten einen unterschiedlichen Durchmesser aufwiesen, sollten eine gute Geländegängigkeit ermöglichen. Über der Hinterachse befand sich eine Stahlseilwinde, damit sich das Fahrzeug selbst oder die Anhänger aus unwegsamem Gelände herausziehen konnte. Das Fahrzeug konnte angeblich sieben, jeder Anhänger 5 Tonnen Last befördern. Die Anhänger waren mit Stahlspeichenrädern unterschiedlicher Größe sowie mit einer Lauffläche ausgestattet. Nach einer großangelegten Präsentation vor dem Preußischen Kriegsministerium auf dem Tempelhofer Feld wurde das Fahrzeug nach Südwestafrika verschifft, wo sich die Spur des schweren und recht störanfälligen Automobils in der Zeit des Ersten Weltkrieges verliert.

Im Jahre 1926 griff das seit 1915 als Nationale Automobil AG bezeichnete Unternehmen den Lastzugmaschinenbau wieder auf.

Der NAG-Universal-Kraftschlepper besaß die Möglichkeit, mit einer Spezialkupplung einen Anhänger aufzunehmen. Auf diesen konnte ein weiterer Hänger aufgesattelt werden. Mit Stützrädern an einem Lenkschemel und einer Deichsel ließen sich die Hänger vom Zugfahrzeug abgekuppelt rangieren.

Die Besonderheit der NAG-Kupplung lag in der dreieckigen, schräg nach hinten geneigten Aufnahmefläche, deren Spitze in einer automatisch einschnappenden Kupplungsvorrichtung endete. Die Kupplungsnase des

Hängers besaß zwei kleine Rollen, die auf der Aufnahmefläche entlangglitten und von seitlichen Führungsblechen genau in die Kupplung geführt wurden. Die Kupplungsvorrichtung diente gleichzeitig als Auflaufbremsmechanismus und übertrug die Bremswirkung auf die Laufachse des Hängers.

Der Kraftschlepper besaß zunächst einen weit vorgebauten 40/60-PS-Benzol- oder einen 80-PS-Benzinmotor, der über einen Kardanantrieb die Hinterachse in Bewegung setzte. 1927 wurde der für das vollgummibereifte Fahrzeug zu starke 80-PS-Motor auf 55 PS gedrosselt.

In der zweiten, modernisierten Version kam ein Sechszylinder-70/75-PS- oder ein 105-PS-Motor zum Einbau. Die Räder waren nun luftbereift. Eine Geschwindigkeit von 45 km/h konnte dieses Fahrzeug erreichen.

Die modernisierte Ausgabe des NAG-Universal-Kraftschleppers besaß eine Nutzlast von 8 bis 10 Tonnen. Mit einem zweiten Anhänger konnten weitere 5 Tonnen befördert werden. Allerdings erwies sich dieser „Bandwurm" als ein Verkehrshindernis. Bei dem Eigengewicht der Zugmaschine von 3 Tonnen und der Anhänger von 2 bis 4 Tonnen konnte eine Last von 15 Tonnen bewegt werden.

Da der Aufsattel- und der Kupplungsmechanismus gegen ein Reichspatent der Firma → Oekonom verstießen, mußte NAG im Jahre 1930 die Montage ihrer Universal-Kraftschlepper einstellen.

75-PS-NAG Sattelzugmaschine

Technische Daten der NAG-Zugmaschinen

Typ	SP	Z	PS	K	B×H	Hubr.	D	Gew.	Zugl.	Mot.
Armee-lastzug	1903	4	45/60	W	145×170	11223	600/900	4200	20	
NAG	1916	4	80	W	135×170	9728	1200	3080	15	
NAG-Schlepper	1927	4	55	W	135×170	9728	900		15	
NAG-Schlepper		6	75	W	110×160	9118	1200			
NAG-Schlepper		6	105	W	120×160	10800	1250			

Nordhäuser Maschinenbau GmbH, Schmidt und Kranz u. Co., Nordhausen/Harz, Ullrichstr. 1–2

1. 1938–1941 **Nordhäuser Maschinenbau GmbH, Schmidt und Kranz u. Co.,** Nordhausen/Harz, Ullrichstr. 1–2
2. 1941–1942 **Nordhäuser Maschinenbau AG, Schmidt und Kranz u. Co.**
3. 1947–1950 **Normag-Zorge GmbH,** Zorge/Niederharz und Hattingen/Ruhr, Bruchstr. 78

Die Nordhäuser Maschinenbau GmbH bot ihr Standard-Ackerschleppermodell NG 22 gleichzeitig als Verkehrsschlepper an. Das in Blockbauart konstruierte und mit einem 20/22-PS-MWM-Dieselmotor ausgerüstete Fahrzeug erhielt für diesen Zweck andere Kotflügel und auf Wunsch eine zweisitzige Fahrerkabine.
Nach der Einrichtung neuer Montagewerke in Zorge und in Hattingen nahm das Unternehmen die Schlepperproduktion wieder auf. Als Straßenschlepper erschien 1949 der NG 23 mit einem voll verkleideten Fahrerhaus.

Technische Daten der Nordhäuser-Zugmaschinen

Typ	SP	Z	PS	K	B×H	Hubr.	D	Gew.	Zugl.	Mot.
Pionier	1949	4	40	W	105×145	5019	1200	3850	40	

25-PS-Normag NG 23

In den fünfziger Jahren stellte das Hattinger Werk weiterhin Ackerschlepper und Aggregate mit eigenen Motoren her. 1957 wurde es von der Orenstein und Koppel AG stillgelegt. Rolltreppen und Flurfördergeräte werden seitdem dort hergestellt.

Technische Daten der Normag-Zugmaschinen

Typ	SP	Z	PS	K	B×H	Hubr.	D	Gew.	Zugl.	Mot.
NG 22	1938	2	20/22	W	95×150	2125	1500			MWM
NG 23	1949	2	25	W	100×150	2355	1500	1800		

Oekonom-Großflächenwagen AG (Wumag), Berlin-Charlottenburg, Kantstr. 163, Görlitz, Brunnenstr. 11

1. 1921–1924 **Rudolf Ernst,** Pirna-Copitz
2. 1924–1925 **Oekonom Großflächenwagen AG (Wumag),** Berlin-Charlottenburg, Kantstr. 163; Görlitz, Brunnenstr. 11
3. 1925–1928 **Wumag u. Maschinenbau AG,** Görlitz

Im Jahre 1921 fertigte die Firma Rudolf Ernst unter Verletzung von Patentrechten der amerikanischen Firma Mack ein Sattelschleppermodell. Die Besonderheit dieses Fahrzeugs war die ausgeklügelte Aufsattelvorrichtung. Als Zugwagen dienten zunächst umkonstruierte Fahrzeuge von Hille in Dresden sowie der Protos-Werke in Berlin.

Eine schienenförmige Führungsvorrichtung, die in eine dreieckige, nach hinten geneigte Auflagefläche überleitete und deren Spitze in eine automatisch einschnappende Kupplung auslief, bildete den Lenkschemel. Die Kupplungsnase des Anhängers besaß zwei kleine Rollen, mit denen die Kupplungsnase auf der Auflagefläche aufwärts bis in den kräftigen Kupplungshebel gleiten konnte. Der An- und Abkupplungsvorgang ließ sich durch Rangiermanöver der Zugmaschine bewerkstelligen, ohne daß eine Hilfsperson benötigt wurde. Dieses automatische System wurde als „Oekonom-Momentkupplung" bezeichnet. Nachteil war allerdings, daß der Drehschemel am Hänger angebracht war, so daß jeder Hänger damit ausgerüstet werden mußte.

Beim Einschnappen des Kupplungsmechanismus klappten die vorderen Hilfsräder unter das Sprengwerk des Anhängers und wurden dort verriegelt. Beim Abkuppeln klappte der Hilfsrädersatz wieder aus, so daß der Hänger in ein Vierrad-Fahrzeug verwandelt werden konnte.

Eine weitere Besonderheit späterer Modelle war die Einrichtung eines Hebelwerkes am Kupplungsmechanismus, das die hintere Achse des Hängers abbremste.

Mit den standardisierten, 3 Tonnen schweren und elastikbereiften Oekonom-Anhängern konnte ein Wechselpritschenverkehr, auch Pendellastverkehr genannt, eingerichtet werden. Zur schnellen Massenbeförderung ließ sich noch ein zweiter Anhänger ankuppeln.

Die von Rudolf ERNST ins Leben gerufene Firma wurde 1924 von der Oekonom-Großflächenwagen AG, einem Zweigbetrieb der Fahrzeug- und Waggonfabrik (Wumag) in Görlitz übernommen. Die Aufsattelvorrichtung

166

45-PS-Oekonom (1. Ausf.)

wurde in Details umkonstruiert, um die Mack-Patente nicht weiterhin zu verletzen. Unter dem Namen „Oekonom" bot die neue Firma den gekuppelten Sattelzug als Möbel-, Kasten-, Plateau- oder Pritschenwagen für 10 Tonnen Last an.

Gleichzeitig ließ Wumag ein eigenes, kurzes Zugfahrzeug mit einem festen Fahrerhaus entwickeln. Ein 30-PS-Magirus-Motor, ab 1926 ein Siemens-Schuckert-Motor mit einer Leistung von 45 PS und schließlich ein BMW-Motor mit 50/60 PS kamen zum Einsatz.

Während die ersten Versionen vom Typ Zc mit in der Größe unterschiedlichen Elastikreifen versehen waren, rüstete die Wumag ihre modernisierten Modelle vom Typ Z 2 auch wahlweise mit gleich großen Elastik- oder Luftreifen aus. Eine Geschwindigkeit von 25 km/h konnten die Oekonom-Großflächenwagen erreichen. Der Antrieb erfolgte über ein Kettensystem.

Technische Daten der Oekonom-Zugmaschinen

Typ	SP	Z	PS	K	B×H	Hubr.	D	Gew.	Zugl.	Mot.
Oekonom	1921	4	45	W	110×155	5889				Hille
Oekonom	1924	4	30	W	100×150	4700		2000		Magirus
Oekonom Z2	1926	4	45	Th	80×130	2613	2400	2100		Siemens-Protos
Oekonom Z c	1926	4	50/60	W	120×180	8120	1200			BMW

Adam Opel AG, Rüsselsheim, Darmstädter Str. 37, 1927–1928

Für innerbetriebliche Zwecke rüstete der damalige Opel-Ingenieur und spätere Traktorenhersteller Anton KULMUS einige Opel-4/16-Fahrgestelle zu kleinen Zugmaschinen um. Kleine Räder von 50 cm Durchmesser kamen auf die Achsen. Das Behelfsfahrzeug besaß zwar eine geringe Geschwindigkeit, konnte aber eine Last von 3 bis 4 Tonnen ziehen. Eine kleine Ladenpritsche war vorhanden.

Technische Daten der Opel-Kulmus-Zugmaschinen

Typ	SP	Z	PS	K	B×H	Hubr.	D	Gew.	Zugl.	Mot.
Kulmus 4/16	1927	4	16	Th	60×90	1018	2800		3–4	

Orenstein und Koppel (O & K) und Lübecker Maschinenbau AG, Abt. Schlepperwerk Montana, Nordhausen/Harz, 1938

Das von Benno ORENSTEIN und Arthur KOPPEL 1876 gegründete Unternehmen für Feldbahnausrüstungen, inzwischen ein Teilbetrieb des Hoesch-Konzerns, nahm 1938 die Fertigung von Traktoren und Zugmaschinen auf. Im Zweigbetrieb Montana in Nordhausen/Harz entstand der mittlere Straßenschlepper OK S 751. Ein eigener 28/30-PS-Motor trieb den in Rahmenbauweise konstruierten und mit Stahlblechverkleidung sowie einem Fahrerhaus versehenen Schlepper an. Schon ein Jahr später mußte O & K die Verkehrsschlepperproduktion wieder einstellen, da das Werk nur noch Ackerschlepper herstellen durfte. Nach dem Krieg wurde nur die Acker- und Industrieschlepperfertigung bis in die Mitte der fünfziger Jahre wieder aufgenommen.

Technische Daten der O & K-Zugmaschinen

Typ	SP	Z	PS	K	B×H	Hubr.	D	Gew.	Zugl.	Mot.
OK S 751	1938	2	28/30	W	115×170	3529	1300	2600		

28/30-PS-O & K Typ 751

28/30-PS-O & K Typ 751

Phoenix Maschinenfabrik und Eisengießerei GmbH, Sorau/Niederlausitz, 1915–1918

Eine aus dem landwirtschaftlichen Schlepper entwickelte Artilleriezugmaschine stellte dieses schlesische Unternehmen her.

Motorpflugfabrik Paul H. Podeus, Wismar/Mecklenburg, Lindenstr. 24, 1915–1918

Das 1870 von Kapitän Paul H. PODEUS gegründete Kohlen- und Handels-, später Maschinenbauunternehmen nahm nach 1910 den Bau von Lastkraftwagen und Landmaschinen auf.
Der „Podeus-Motorpflug", ein von Josef VOLLMER und seiner Deutschen Automobil-Konstruktions GmbH entworfener Tragpflug, wurde in der Kriegszeit als schwerer Artillerieschlepper in wenigen Exemplaren gefertigt. Ein 65- und ein 80-PS-Kämper-Motor kamen zum Einbau.
Später machte sich das kleine Unternehmen einen Namen mit dem Bau von Kettenschleppern, die der Betrieb als „Raupenschlepper" bezeichnete. Daneben montierte Podeus die Fordson-Traktoren. 1926 wurde der Nutzfahrzeugbau stillgelegt. Als Werft und als Dieselmotorenfabrik ist das Unternehmen nach einer wechselvollen Firmengeschichte noch heute tätig.

Technische Daten der Podeus-Zugmaschinen

Typ	SP	Z	PS	K	B×H	Hubr.	D	Gew.	Zugl.	Mot.
Artill.Schl.	1915	4	65	W	130×155	8225	700			Kämper
Artill.Schl.	1918	4	75/ 80	W	155×200	15087	700			Kämper

Pöhl-Werke, Glauchau u. Gößnitz, Kr. Altenburg, Schützenstraße,
1916–1918 und 1929–1932

Die Landmaschinenfabrik Pöhl rüstete während des Ersten Weltkrieges
ihren großen „Pöhl-Schlepper" zum Artillerie-Kraftzugschlepper um. Ein
80-PS-Kämper-Motor trieb das Dreiradfahrzeug an. Der am Heck angebrachte Kran konnte über ein Zahnsegment beim Herunterklappen den
Motor anlassen.
Nach dem Krieg widmete sich das Unternehmen wieder dem Traktorenbau.
Der landwirtschaftliche Schlepper „Ackerbaumaschine IV" wurde Ende der
dreißiger Jahre auch als „Pöhl-Diesel-Straßenzugmaschine" angeboten.
Das elastikbereifte Fahrzeug besaß einen Dorner-Dieselmotor mit einer
Leistung von 34, ab 1930 von 36 PS.
1932 schloß im Zuge der Wirtschaftskrise die traditionsreiche Firma Pöhl
ihre Tore, nachdem die Muttergesellschaft, die Maschinen-Kranbau AG in
Düsseldorf, selbst in Schwierigkeiten geraten war.

34-PS-Pöhl

171

Technische Daten der Pöhl-Zugmaschinen

Typ	SP	Z	PS	K	B×H	Hubr.	D	Gew.	Zugl.	Mot.
Pöhl	1916	4	80	W	155×200	15087	700			
Pöhl	1929	4	34	W	100×170	5338	1000	3850		Dorner-
										Diesel
Pöhl LG	1930									ab 1930
										36 PS

Primus Traktoren-Gesellschaft mbH, Johannes Köhler, Berlin-Lichtenberg, Greifswalder Str. 140/141

    1. 1932–1940 **Primus Traktoren-Gesellschaft mbH,** Johannes Köhler, Berlin-Lichtenberg, Greifswalder Str. 140/141

    2. 1940–1942 **Primus Traktoren-Gesellschaft Johannes Köhler u. Co. KG**

Oberingenieur Johannes KÖHLER, Inhaber der Primus-Werke, und Ingenieur WEISE entwickelten als erste ein schwach motorisiertes Kleinzug-Fahrzeug für den innerstädtischen Gebrauch. KÖHLER und WEISE gingen

10-PS-Primus P 16

17/18-PS-Primus P 20

von der Überlegung aus, dem Fuhrunternehmer als Ersatz für ein Pferdegespann ein adäquates Zugmittel anzubieten, das in Leistung dem Pferdezug überlegen und trotzdem im Unterhalt wirtschaftlich sein sollte.

Ein kompressorloser Deutz-Dieselmotor aus dem Stationärmotorprogramm mit einer Leistung von 6 PS trieb den Schlepper an. Der Motor war in dem Rahmenfahrgestell quer über der Hinterachse montiert, um damit die Adhäsion zu verbessern. Vier gummigelagerte Mitnehmer zwischen Schwungrad und Getriebekupplung übertrugen die Kraft auf einen im Ölbad laufenden Kettenantrieb. Hardy-Scheiben an den Differentialwellen ermöglichten den Einbau von hinteren Pendelachsen.

Die kantige und noch recht plump wirkende Karosserie war an den Seiten offen. Eine Anhängelast von 5 Tonnen, was dem Gewicht eines beladenen Anhängers entsprach, konnte gezogen werden. Nach einigen Zwischentypen bildeten die Kleinschlepper P 20 und P 30 ab 1936 die Haupttypen im Bauprogramm von Primus. Wiederum im Heck angebrachte Zweizylinder-Deutz-Motoren trieben über ein Stirnrad die Schlepper an. Das Fahrerhaus war dem Zeitgeschmack entsprechend modernisiert worden. Vordere Schwingachsen an Querblattfedern stützten den Stahlrohrvorderbau, der aus Stahlblechlängsträgern und Rohrtraversen bestand. Motor und Getriebe waren angeblockt. Ein extrem kleiner Wendekreis konnte somit erzielt werden. Eine Zuglast von 10 Tonnen konnte der kleinere Typ bei einer

Geschwindigkeit von 20 km/h bewegen. Vierradbremsen und eine Sitzbank für drei Personen gehörten zum P 20 und P 30. Einige Tausend Primus-Schlepper dieser Baureihen wurden gefertigt.

Ab 1940 wurde nur noch der P-20-Typ gefertigt und mit einem Elektromotor und einer Batterieanlage ausgerüstet. Der 11-kW-Motor gab unter Zwischenschaltung eines Getriebes seine Kraft auf die Differentialachsen ab. Geschwindigkeiten von 8 und 14 km/h konnten erreicht werden.

Nach dem Krieg nahm das nach Miesbach/Obb. übergesiedelte Unternehmen den Klein-Zugmaschinenbau nicht wieder auf.

Technische Daten der Primus-Zugmaschinen

Typ	SP	Z	PS	K	B×H	Hubr.	D	Gew.	Zugl.	Mot.
Primus	1932	1	6		90×110	699	1500		5	Deutz
P 16	1933	1	10						6,5	
P 25	1934	2	18		150×200	7065	900		10	
P 14	1936	1	9						7,5	
P 30	1936	2	30		120×170	3840	1350		10	Deutz
P 20	1936	2	17/18		100×140	2198	1400	1550	10	Deutz, ab 1939 20/22 PS
P 20 / EL 2100	1940		11 kW					1650		Elektromotor

17/18-PS-Primus P 20

174

20/22-PS-Primus P 22 (3)

Ruhrthaler Maschinenfabrik Schwarz und Dyckerhoff GmbH, Mühlheim/Ruhr, Scheffelstr. 14–28, 1919–1928

Die noch heute im Bau von Grubenbahnen tätige Firma wurde 1899 von Heinrich Schwarz gegründet und 1909 mit der Beteiligung von Dr. Ernst Dyckerhoff als Ruhrthaler Maschinenfabrik Schwarz und Dyckerhoff bezeichnet.

Nach dem auslaufenden Bau von Tragpflügen nahm das Unternehmen für ein Jahrzehnt den Bau von schweren Straßenschleppern auf. Eigene Zwei- und Dreizylinder-Benzol-Motoren mit 16 und 24 PS kamen zum Einbau. Schließlich folgte noch 1928 ein Modell mit einem eigenen, kompressorlosen Zweizylinder-Dieselmotor mit einer Leistung von 24/30 PS.

Technische Daten der Ruhrthaler-Zugmaschinen

Typ	SP	Z	PS	K	B×H	Hubr.	D	Gew.	Zugl.	Mot.
Ruhrthaler	1919	2	16	W	155×180	6789	750			Benzol
Ruhrthaler	1919	3	24	W	155×180	10184	750	4200		Benzol
Ruhrthaler	1928	2	24/30	W	125×180	6623	750	2650		Diesel

24/30-PS-Ruhrthaler

Gebr. Sachsenberg AG, Dessau-Roßlau
1. 1940–1943 **Gebr. Sachsenberg,** Dessau-Roßlau
2. 1949–1952 **VEB Lokomotiv- und Waggonbau Werdau (Lowa),**
Werdau

Während der Kriegszeit fertigte die Schiffswerft Gebr. Sachsenberg AG nach Plänen von Dipl.-Ing. R. HASENZAHL drei verschiedene Dampfzugmaschinen in Frontlenkerbauart für ein Speditionsunternehmen in Hannover. Jeweils zwei doppelt wirkende Zylinderanlagen mit Kreuzkopfsteuerung und Lamont-Eckenrohrkesseln erbrachten Leistungen von 50/55, 60/70 und 80 PS. Die Reichweite lag mit einer Kondensationseinrichtung bei 150 km, beim 60/70-PS-Modell bei 250 km. Eine Geschwindigkeit von 40 km/h konnten die Fahrzeuge erreichen.

Zehn Dampffahrzeuge waren bei Kriegsende im Einsatz, 100 weitere Schlepper gelangten nicht mehr zur Endmontage. Ebenso blieb das Projekt, einen 150-PS-Straßenschlepper für eine Reichweite von 600 km zu konstruieren, unausgeführt.

Nach dem Krieg wurden die Versuche mit Dampfstraßenschleppern durch

70-PS-Sachsenberg

177

das Entwicklungsbüro des ehemaligen Sachsenberg-Ingenieurs Hans FRITSCH in Dresden fortgeführt. Bei dem VEB Lokomotiv- und Waggonbau Werdau (Lowa) wurden anschließend zwei Fahrzeuge vom Typ SD 65 mit einer Dreizylinderanlage gefertigt. Die Zuglasten, die ursprünglich zwischen 10 und 20 Tonnen lagen, konnten bei diesen gewöhnlich mit Reichsbahn-Straßenrollern eingesetzten Fahrzeugen auf 60 Tonnen gesteigert werden.

Technische Daten der Sachsenberg-Zugmaschinen

Typ	SP	Z	PS	K	B×H	Hubr.	D	Gew.	Zugl.	Mot.
SD 55	1941	2	50/ 55		150×105			800	7000	10	20 at
SD 70	1942	2	60/ 70		150×110		1000	7000	15	25 at
SD 80	1943	2	80		150×120		800	6800	20	25 at
SD 65	1949	3	65					12000	50	

Motorenfabrik Anton Schlüter München GmbH, München-Freising, Balanstr. 30, 1939–1942

Das heutige Motoren- und Traktorenunternehmen Anton Schlüter wurde 1899 von Anton SCHLÜTER (1867–1949) als mechanische Werkstatt gegründet. Um 1900 wurde der Betrieb durch die Übernahme der Kleinmotorenfabrik Schühlein in München zur Motorenfabrik mit heutigem Namen umgewandelt. Nach dem Erwerb eines weiteren Fabrikationsteiles wurde während des Ersten Weltkrieges ein drittes Werk in Freising erbaut (das heutige Schlüter-Werk), das für den Bau stationärer und mobil eingesetzter Glühkopf- und Sauggas-, später auch Dieselmotoren eingerichtet wurde. Als das Werk 1937 den Bau von Ackerschleppern aufnahm, lag der Gedanke wie auch bei verschiedenen anderen Schlepperherstellern nahe, den mittleren Ackerschleppertyp mit einer Leistung von 25 PS auch als Straßenzugmaschine mit entsprechender Ausrüstung anzubieten. Die breite, lederbezogene Sitzbank erhielt im Volksmund die Bezeichnung „Hochzeitsbank". Durchgehende Kotflügel und eine kraftwagenähnliche Motorverkleidung gaben der Schlüter-Zugmaschine DZM 25 ein charakteristisches Aussehen.

Zu erwähnen ist noch die Besonderheit des Schlüter-Motors. Eine patentierte, schwenkbare Vorkammer kam zum Einbau, die dem Motor einen einwandfreien Kaltstart ohne Hilfsmittel ermöglichte. Beim Starten wurde

25-PS-Schlüter DZM 25

die Schwenkkammer so eingestellt, daß durch Öffnen eines halbkugeligen Löffels in der Schwenkkammer der Kraftstoff direkt und wirbelfrei in den Verbrennungsraum auf den Boden der gewölbten Kolbenoberseite gespritzt wurde. Nach einer Anlaufzeit erfolgte eine Drehung der Schwenkkammer, wodurch eine normale Vorkammer für eine sparsame Vermischung des Kraftstoffes mit der Luft gebildet wurde.

Technische Daten der Schlüter-Zugmaschinen

Typ	SP	Z	PS	K	B×H	Hubr.	D	Gew.	Zugl.	Mot.
DZM 25	1939	2	25	W	110×140	2450	1500	1800	12	

Elektrizitäts-Aktiengesellschaft vormals Schuckert & Co., Nürnberg, 1902–1903

Die Elektrizitäts-AG vorm. Schuckert & Co. konstruierte nach einem Entwurf von Wilhelm A. Th. MÜLLER(-NEUHAUS), Erbauer der späteren →

179

40-PS-Siemens-Schuckert

Müller-Züge, im Jahre 1902 die Schuckert-Vorspannmaschine mit einem sogenannten *Mixt-Antrieb nach dem System Piper* für die königlich-preußische Versuchsabteilung der Verkehrstruppen. Das mit einer Knicklenkung versehene Fahrzeug war mit einem 40-PS-Spiritusmotor ausgerüstet, an den zur Unterstützung und als Reserve eine Dampfmaschine gekoppelt werden konnte. Diese Aggregate trieben einen Generator an, dessen Energie an vier Elektromotoren der 2 m hohen Fahrzeugräder geleitet wurde. Das Gewicht der angeblich sehr gelenkigen Maschine betrug 10 Tonnen.

Fünf einheitlich konstruierte Anhänger mit Drehschemellenkungen besaßen weitere Elektromotoren im Wagenuntergestell. Über Zahnräder und Ketten wurden die Hinterachsen dieser Wagen zusätzlich angetrieben. Insgesamt 15 Tonnen Nutzlast konnte dieser Siemens-Zug befördern.

Eine weitere Version war mit einem 50-PS-Benzolmotor ausgerüstet. Hierbei wurden nur die Hinterräder der Zugmaschine mit Elektromotoren in Bewegung gesetzt.

Süddeutsche Bremsen AG, München, Moosacherstr. 80, 1926–1927

Den gemeinsam mit den → Motoren-Werken Mannheim entwickelten „Colo"-Dieselmotor baute die Süddeutsche Bremsen AG in der zweizylindrigen Version in den „Colo"-Trekker ein. Die kompressorlose Viertaktmaschine leistete 25 PS. Das mit Eisen- oder Gummibereifung 2,7 oder 3,3 Tonnen schwere Fahrzeug konnte eine Geschwindigkeit von 12 km/h erreichen.

In den dreißiger Jahren wurde das Unternehmen ein Teilbetrieb der MWM.

Technische Daten der Colo-Zugmaschinen (Südbremse)

Typ	SP	Z	PS	K	B×H	Hubr.	D	Gew.	Zugl.	Mot.
Colo-Trekker	1926	2	25	W	125×180	6623	750	2240		

25-PS-Südbremse Colo

181

Richard Talbot, Spezialfabrik für Elektro-Fahrzeuge GmbH, Berlin-Friedrichsgaben, Müggelseedamm 68/70, 1940

Der Berliner Zweigbetrieb der Talbot-Waggonfabrik entwickelte aus dem Talbot-Elektro-Lastwagen eine Zugmaschine unter der Bezeichnung TF 5 (da das Fahrzeug von Batterien gespeist wurde, fiel die Entwicklung nicht unter die einschränkenden Bestimmungen des Schell-Planes). Zwei 5,5-kW-Doppelkollektormotoren wurden von einer 80-Volt-Batterie versorgt. Die im Heck angebrachten Motoren gaben ohne Zwischenschaltung eines Getriebes ihr Drehmoment über eine kurze Kardanwelle auf das Differential der gefederten Hinterachse ab; im Fahrzeugvorderteil war die Schaltvorrichtung untergebracht. Bei einer Fahrzeuggeschwindigkeit von 10 bis 12 km/h reichte die Batterieladung für eine Fahrstrecke von 40 bis 50 km aus, wobei eine Last von 5 bis 6 Tonnen gezogen werden konnte. Das mit einem geschlossenen Fahrerhaus ausgerüstete Modell war für Brauereien, Speditions- und Industriebetriebe vorgesehen. Schon nach einem Jahr mußte die Fertigung wieder eingestellt werden. Nach dem Krieg entstanden aus übriggebliebenen Teilen noch einige Talbot-Zugmaschinen.

11-kW-Talbot

Titan GmbH, Appenweier, Industriestr. 5
1. 1977–1987 **Titan GmbH**
2. 1987–heute **Titan Spezialfahrzeuge GmbH**

Ehemalige Ingenieure der Waggonfabrik Rastatt, die kurz vor ihrem Produktionsende Kranträgerfahrzeuge hergestellt hat, gründeten in Berghaupten-Gengenbach die Titan GmbH. Im Jahre 1971 brachte das Unternehmen als Spezialfabrik für schwere Fahrzeuge seinen ersten Autokran-Unterwagen heraus. In den folgenden Jahren, nach Verlegung der Firma nach Appenweier, weitete Titan das Programm auf Einachstriebköpfe, Fahrzeuge für Brückenprüfeinrichtungen, Bergungskrane, Baumentrindungsmaschinen und Holzrückezüge aus.

1977 erschien die erste schwere Allrad-Zugmaschine vom Typ Z 3242 S 6 × 6 für eine Zuglast von 150 bis 180 Tonnen. Ein Daimler-Benz-Motor in V-Bauart mit 420 PS trieb das auf einem Spezialrahmen eines Allrad-Kippers und mit DB-Komponenten aufgebaute Fahrzeug an. Ein Lastschaltgetriebe diente zur Kraftübertragung. Eine Ballastpritsche und eine Hängerkupplung oder eine Sattelkupplung konnten verwendet werden.

Mit einem aufgeladenen V-12-Dieselmotor von DB, der eine Leistung von 525 PS entwickelte, wurde als nächster Typ die Zugmaschine Z 4652 S 10 × 8 angeboten.

Unter den verschiedenen Zugmodellen in Hauben- oder Frontlenkerbauart sind zu Anfang der achtziger Jahre die Typen Z 50.525 HS 6 × 6 und Z 55.620 HS 6 × 6 hervorzuheben. 525 PS starke Motoren von DB, MAN oder Cummins treiben den ersten, 620 PS starke Motoren von DB, MAN oder Caterpillar treiben den zweiten Typ an. Zugleistungen von 250 bzw. 270 Tonnen werden erreicht.

1985 folgten die 816 und 1250 PS starken Zugmaschinen Z 64.816 H 8 × 8 und Z 135.1250 H 12 × 12. Lasten von 300 und 1000 Tonnen können an diese schweren Zugmaschinen angehängt werden. Für mittlere Zugleistungen kam 1987 die Zugmaschine Z 40.530 H 6 × 6 hinzu. Ein aufgeladener V-12-Motor mit 530 PS von DB treibt dieses dreiachsige Fahrzeug an. Stärkster Titan-Zugmaschinentyp ist zur Zeit der 1986 erschienene Z 64.816 H 8 × 8, der mit einem 816-PS-MWM-Motor ausgerüstet ist und 300 Tonnen Last ziehen kann.

Das Projekt, eine überschwere Zugmaschine vom Typ Z 135.1250, die einen 1250-PS-MTU-Motor erhalten und 1000 Tonnen ziehen soll, blieb bisher unausgeführt.

Eine große Zugleistung, Allradantrieb und auch eine gute Geländegängigkeit sind Eigenschaften der Titan-Zugmaschinen. Unterschiedliche Achsenzahl, Reifengröße und Reifenprofile sowie Spezialachsen mit einer

Spurweite bis 3,80 m machen die Fahrzeuge besonders geeignet für den Einsatz in Wüsten- und Tropengegenden.

Grundlage der Fahrzeuge ist ein eigens konstruierter Rahmen für schwerste Belastungen. Karosserien und Motoren werden von Daimler-Benz und MAN bezogen. Für spezielle Exportwünsche stehen auch Motoren von Cummins und Caterpillar sowie von KHD, MWM und MTU zur Verfügung. Ein weltweiter Service ist dadurch gewährleistet.

Schließlich ist noch darauf hinzuweisen, daß Titan, inzwischen ein Betrieb mit über 100 Beschäftigten, zweiachsige Zugmaschinen für innerbetriebliche Zwecke herstellt. Daimler-Benz-Motoren mit 168 und 256 PS treiben diese Fahrzeuge an, die eine Last von 100 bzw. 140 Tonnen ziehen können.

1987 ging die Titan GmbH als Titan Spezialfahrzeuge GmbH an die selbständige Dornier Unternehmens-Holding in Zürich über.

Technische Daten der Titan-Zugmaschinen

Typ	SP	Z	PS	K	B×H	Hubr.	D	Gew.	Zugl.	Mot.
Z 3242 S	1977	V 12	420	W	125×142	20920	2400	12000	150/ 182	DB, 6×6
Z 4652 S	1977	V 12	525	W	125×142	20920	2300	13800	230	DB, Turbo, 10×8
Z 3042 S	1979	V 12	420	W	125×142	20920	2400	11500	80	DB, 6×6
Z 3450 S	1980	V 12	525	W	125×142	20920	2300	12500	180	DB, Turbo, 8×4
Z 4042 S	1980	V 12	420	W	125×142	20920	2400	13000	180/ 200	DB, 6×6, auch 8×6
Z 4852 S	1980	V 12	525	W	125×142	20920	2300	13500	250	DB, Turbo, auch 8×4
Z 4842 S	1982	V 12	420	W	125×142	20920	2400	13500	180/ 250	DB, 8×6
Z 3252 S	1982	V 12	525	W	125×142	20920	2300	12000	200	DB, Turbo, 6×6
Z 4052 S	1982	V 12	525	W	125×142	20920	2300	12000	180/ 200	DB, Turbo, 6×6, auch 8×6
Z 4852 S	1982	V 12	525	W	125×142	20920	2300	14500	200	DB, Turbo, 8×6
Z 6052 S	1982	V 12	525	W	125×142	20920	2300	14000	250	DB, Turbo, 8×6
Z 5232 S	1983	V 12	525	W	125×142	20920	2300	13900	250	DB, Turbo, 8×8

Technische Daten der Titan-Zugmaschinen (Fortsetzung)

Typ	SP	Z	PS	K	B×H	Hubr.	D	Gew.	Zugl.	Mot.
Z 50.525 HS	1983	V 12	525	W	125×142	20920	2300	20000	250	DB, Turbo, 6×6, auch MAN, Cummins
Z 55.620 HS	1983	V 12	620	W	128×142	21930	2300	16000	270	DB, Turbo, 6×6, auch MAN, Caterpillar
Z 40.360 H	1984	V 10	355	W	128×142	18270	2300	12900	150	DB, 6×6
Z 40.420 H	1984	V 12	420	W	128×142	21930	2300	13000	170	DB, 6×6
Z 40.480 H	1984	V 12	480	L	125×130	19144	2300	14500	180	KHD, Turbo, 6×6
Z 40.530 H	1985	V 12	530	W	128×142	21930	2300	14500	180	DB, Turbo, 6×6, auch MAN, Cummins
Z 34.360 F	1985	6	360	W	128×155	11967	2200	11000	120	MAN, 6×6 auch Cummins
Z 34.420 F	1985	V 12	420	W	128×142	21930	2300	12500	150	DB, 6×6, auch MAN
Z 34.530 F	1985	V 12	530	W	128×142	21930	2300	13000	180	DB, Turbo, 6×6
Z 42.530 F	1985	V 12	530	W	128×142	21930	2300	14500	180	DB, Turbo, 8×6
Z 42.615 F	1985	V 12	615	W	128×142	21930	2300	15500	200	DB, Turbo, 8×8, auch MAN, Cummins
Z 64.816 H	1986	V 12	816	W	128×140	21600	2300	19300	300	MWM, Turbo, 8×8, auch MTU
Z 40.530 H	1987	6	530	W	159×159	18900	1900	16500	300	Cummins, Turbo, 6×6
Z 50.615 H	1987	V 12	615	W	128×142	21930	2300	22000	100	DB, Turbo, 6×6
Z 135.1250 H		V8	1250		165×185	31700	2100	135000	1000	MTU, Turbo, 12×12 (Projekt)
IS 170	1979	6	168	W	97×128	5675	2800	17000	100	DB, 4×4
IS 250	1980	V8	256	W	125×130	12760	2500	20000	140	DB, 4×4

420-PS-Titan Z 3242 S (1)

615-PS-Titan Z 42.615 F (1)

816-PS-Titan Z 64.816 H (1)

256-PS-Titan IS 250 (1)

525-PS-Titan Z 50.525 H (1)

Troost, Berlin-Steglitz, 1907

Im Auftrag der Königlich Preußischen Versuchsabteilung der Verkehrstruppen konstruierte Oberleutnant Troost eine „Lastzug-Maschine" mit zwei lenkbaren Vorderrädern und einem 2,3 m hohen und 1,1 m breiten hinteren Treibrad. Mit einer Riemenübertragung gelangte die Kraft eines quer eingebauten Vierzylinder-Schwiderski-Motors auf eine Vorgelegewelle, die eine Riemenscheibe mit Friktionskupplung und eine große Bremsscheibe besaß. Über eine Kette wurde von dort das Treibrad in Bewegung gesetzt. Mit Blattfedern war der Rahmen gegenüber dieser Treibachse abgestützt. Das ungewöhnliche Dreirad-Fahrzeug, das als Vorbild für den späteren Hansa-Lloyd „Treff-Ass" angesehen werden kann, wog 7 Tonnen, wovon allein 5 Tonnen auf das überdimensionale Treibrad entfielen.

Auch mit einer Dampfmaschine wurde experimentiert; in dieser Version wurde das Fahrzeug als „Dampfochse" bezeichnet.

Nachdem das Militär kein großes Interesse an der Troostschen „Lastzug-Maschine" gezeigt hatte, gab der Konstrukteur sein Projekt auf, das auch als geländegängige Zugmaschine Verwendung in den deutschen Kolonien finden sollte. Ebenfalls keinen Erfolg hatte Troost mit dem Automobil-Lastzug „Durch" der → Nationalen Automobil AG, der 1903 nur in einem Exemplar gefertigt wurde.

188

VEB IFA Schlepperwerk Nordhausen
  1. 1949–1952 **Maschinenbau Nordhausen LEB** (vorm. **Schmidt, Kranz u. Co.**)
  2. 1952–1956 **VEB IFA Schlepperwerk Nordhausen**

In den frühen fünfziger Jahren wurde in dem enteigneten Normag-Werk das ehemalige → FAMO-Radschleppermodell „40 PS" als Typ „Pionier" auch in der Straßenschlepperversion weitergebaut. Als Behelfszugmaschine besaß er ein geschlossenes Fahrerhaus und eine Seilwinde.

Vomag Betriebs AG, Plauen, Cranachstr. 4, 1936–1941

Die 1895 gegründete Textil- und Druckmaschinenfabrik nahm während des Ersten Weltkrieges den Bau von Lastkraftwagen auf. Im Jahre 1936

100-PS-Vomag 5 LR 438

Vomag-Werbung

bot das Unternehmen die Typen 438 und 638 als Vomag-„Eilschlepper"
an. Vier- und Sechszylinder-Wirbelkammerdieselmotoren mit 100 und 110
PS kamen zum Einbau. 1937 folgte noch ein 85-PS-Modell.
Mit Erlaß des Schell-Programms gab Vomag zugunsten der Fahrzeuge mit
Gasgeneratoren diesen Fertigungszweig auf.

Technische Daten der Vomag-Zugmaschinen

Typ	SP	Z	PS	K	B × H	Hubr.	D	Gew.	Zugl.	Mot.
5 LR 438	1936	4	100	W	115 × 145	6024	2500		24	ab 1939 5 ZR 434
638	1936	6	110	W	130 × 180	9560	1500		25	
3 LR	1937	4	85	W	115 × 160	6670	1800		20	

190

Karl F. Wahl Maschinenfabrik KG, Balingen/Württ., Olgastr. 2–10,
1952–1960

Die 1935 in den Schlepperbau eingestiegene Landmaschinenfabrik bot
während der fünfziger Jahre ihre Typen W 18 und W 22 auch als leichte
Verkehrsschlepper mit entsprechender Umrüstung an. 1960 folgte noch
das überarbeitete Modell W 130 mit einem 30-PS-Motor von MWM.

Technische Daten der Wahl-Zugmaschinen

Typ	SP	Z	PS	K	B×H	Hubr.	D	Gew.	Zugl.	Mot.
W 18	1952	2	18	W	85×110	1250	2000	1170		MWM
W 22	1952	2	22	W	95×120	1700	2000	1700		MWM
W 130	1960	2	30	L	105×120	2008	2200	1700		MWM

20-PS-Zettelmeyer Z 2 ▶

Hubert Zettelmeyer AG, Maschinenfabrik und Eisengießerei, Konz bei Trier, 1936–1954

Zettelmeyer, Hersteller von Straßenwalzen und Baugeräten, bot den Akkerschlepper Z 1 auch in einer Straßenzug-Version als Typ Z 2 an. Das in rahmenloser Konstruktion ausgeführte Fahrzeug war mit hinterer Doppelbereifung und gleich großen Rädern versehen. Die Vorderachse war pendelnd aufgehängt. Eine dreisitzige Bank sowie eine Seilwinde mit 100 m Seillänge waren vorhanden. Mit einem Vierganggetriebe erreichte der Schlepper 20 km/h, die Zuglast betrug 12,5 Tonnen.
Anfang der fünfziger Jahre wurde die Verkleidung überarbeitet und die Motorleistung auf 25 PS gesteigert. 1954 gab Zettelmeyer diesen Fertigungszweig auf und verlegte sich wieder ganz auf den Baumaschinenbereich.

Technische Daten der Zettelmeyer-Zugmaschinen

Typ	SP	Z	PS	K	B×H	Hubr.	D	Gew.	Zugl.	Mot.
Z 2	1936	2	20	W	100×140	2198	1500	2930	10	Deutz, ab 1939 22 PS
Z 2	1951	2	25	W	100×140	2198	1600	2900	12,5	Deutz

20-PS-Zettelmeyer Z 2